AF345375

MINÉRAUX, ANIMAUX, VÉGÉTAUX.

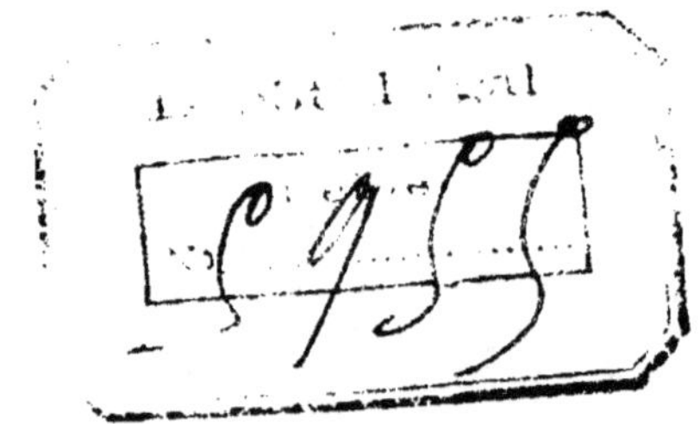

MINÉRAUX, ANIMAUX, VÉGÉTAUX

PREMIÈRES NOTIONS DES SCIENCES PHYSIQUES ET NATURELLES

RÉDIGÉES SOUS FORME DE LEÇONS DE CHOSES

Conformément au programme prescrit
pour la Classe préparatoire et la Classe de Huitième,

Par M. E. BOUANT,

AGRÉGÉ DES SCIENCES PHYSIQUES, PROFESSEUR AU LYCÉE CHARLEMAGNE.

Avec 221 Figures.

PARIS

IMPRIMERIE ET LIBRAIRIE CLASSIQUES

MAISON JULES DELALAIN ET FILS

DELALAIN FRÈRES, Successeurs

56, RUE DES ÉCOLES.

PROGRAMME COMMUN

A LA CLASSE PRÉPARATOIRE ET A LA CLASSE DE HUITIÈME
Prescrit par l'arrêté du 22 janvier 1885.

LEÇONS DE CHOSES.

Les leçons de choses ayant pour but de développer l'esprit d'observation de l'enfant et de l'exercer à exprimer le résultat de ses observations, le professeur fera, pour trouver la matière de ses leçons, un choix judicieux et restreint parmi les choses usuelles, les animaux et les plantes les plus familières à ses élèves. Il se préoccupera surtout d'exercer les enfants à apporter de la précision et de l'ordre dans l'examen des sujets proposés à leur étude.

Le professeur mettra, toutes les fois que cela sera possible, les objets sous les yeux des élèves.

Ces leçons ne doivent donner lieu à aucun devoir écrit.

Sujets.

Charbon et principaux combustibles, 1-12.

Métaux usuels, 12-24. — Monnaies, 24-27.

L'eau. — L'évaporation, 27 ; les nuages, 29 ; la pluie, 30 ; la neige, 32 ; la glace, 34 ; les sources, 42 : les rivières, 44 ; les lacs, 47 ; les puits, 48 ; les canaux, 49.

L'eau de la mer et le sel marin, 52.

L'air. — Le vent, 55 ; les orages, 60 ; les aérostats, 66.

Animaux. — Animaux les plus connus des élèves : leur aspect extérieur, leurs caractères, leurs mœurs, 72-122.

Végétaux. — Plantes les plus utiles : leurs caractères, leur culture, leurs usages, 123-159.

MINÉRAUX, ANIMAUX, VÉGÉTAUX

PREMIÈRE PARTIE

LES MINÉRAUX

I. — CHARBON ET PRINCIPAUX COMBUSTIBLES.

Connaissez-vous, mes enfants, quelque chose de plus indispensable que le feu? Vous figurez-vous ce que nous serions sans le feu? Comment pourrions-nous nous garantir des froids si rigoureux de l'hiver, nous éclairer pendant les longues nuits? Il nous faudrait donc manger crus tous nos aliments, renoncer à toutes ces belles machines à vapeur, qui ne sauraient marcher sans le feu. — Mais, rassurez-vous, nous avons le feu, et jamais il ne nous fera défaut. Si nous venions à ne plus avoir de feu, toute civilisation disparaîtrait, et nous ne serions pas loin de retourner à l'état sauvage.

Les combustibles. — On appelle *combustibles* toutes les substances qui servent à faire du feu.

Vous connaissez beaucoup de combustibles. Vous avez vu faire du feu avec du bois, avec du charbon de bois, avec de la houille, du coke, du gaz d'éclairage, de l'huile, du pétrole, et diverses autres substances moins employées.

Chose remarquable, tous ces combustibles renferment du *charbon*.

Vous n'êtes pas étonnés de m'entendre dire que le bois renferme du charbon : car vous savez que si l'on éteint le bois avant qu'il soit complètement brûlé, il reste du charbon. Mais vous ne pensiez pas, peut-être, qu'il y a aussi du charbon dans le gaz d'éclairage, dans la graisse, dans l'huile, dans le pétrole. Je n'aurais pas grand'peine, pourtant, à vous en convaincre : au-dessus de la flamme d'un bec de gaz, d'une bougie, d'une chandelle, d'une lampe à huile ou à pétrole, mettez une assiette bien propre. Elle est bientôt souillée par une large tache noire de charbon : il y a donc du charbon dans nos bougies, dans notre gaz, dans notre suif, dans notre huile et dans notre pétrole.

Assiette noircie par la flamme d'une bougie.

Le charbon est le plus important des combustibles, puisque tous les combustibles renferment du charbon.

Le charbon. — C'est un corps bien singulier que le charbon. Il prend successivement les formes les plus diverses.

Le *diamant*, la plus belle des pierres précieuses ; la *mine de plomb*, qui constitue vos crayons ; le *jais*, avec lequel on forme de belles parures noires ; la *houille*, le *charbon de bois*, le *coke*, la *tourbe*, avec lesquels on fait du feu ; le *noir de fumée*, que les peintres emploient à fabriquer leur couleur noire ; le *noir animal*, avec lequel on raffine le sucre, tout cela, c'est du charbon.

1.

Il n'est pas nécessaire de vous dire qu'on ne s'amuse pas à faire du feu avec le diamant, ni même avec la mine de plomb ou le jais. On se contente de brûler les charbons très communs, peu coûteux, qui, en raison de leur bon marché, sont les plus importants. Nous ne parlerons que de ceux-là.

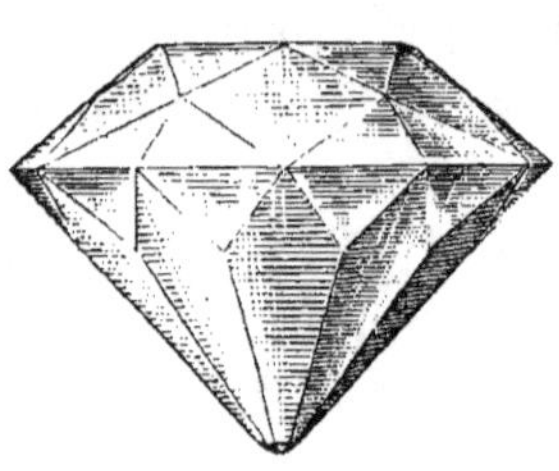

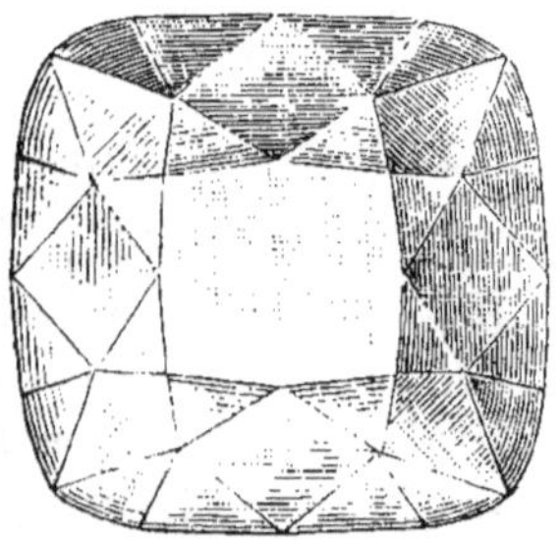

Diamant taillé. — Cette figure représente en vraie grandeur le Régent, diamant célèbre appartenant au Gouvernement français.

1° *Houille.* — Vous connaissez ce corps noir, luisant, cassant, qu'on nomme vulgairement *charbon de terre*. Vous savez avec quelle facilité il s'allume; vous avez remarqué la flamme éclairante qu'il produit, la fumée noire qu'il dégage, et surtout la grande chaleur qu'il répand pendant sa combustion. Le charbon de terre, c'est la *houille*, le plus employé de tous les combustibles.

On trouve la houille dans le sein de la terre, à des profondeurs qui atteignent parfois plusieurs centaines de mètres. Elle est formée par les débris de la puissante végétation d'une époque très lointaine. Alors la terre était entièrement couverte d'arbres gigantesques ; puis ces arbres superbes

Morceau de houille.

sont morts, et ont été progressivement enfouis sous les terrains charriés par les eaux. Ces énormes provisions de bois se sont peu à peu décomposées, puis transformées en houille. Quelques-uns de ces débris ont même conservé leur forme primitive.

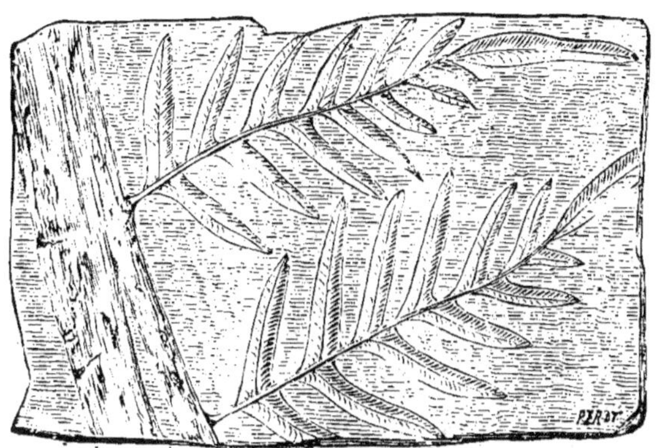

Empreinte de feuilles de fougères conservées dans la houille.

Depuis plus de mille ans on connaît la houille, et on sait qu'elle peut brûler. Mais sa consommation n'a pris une réelle importance qu'à la fin du dix-huitième siècle, au moment où les machines à vapeur, ces grandes gourmandes de combustible, ont commencé à se répandre dans l'industrie.

Ce qui se consomme de houille aujourd'hui, vous ne pouvez pas le concevoir. Songez que certaines machines à vapeur brûlent pour 5000 fr. de houille par jour. Une seule mine, celle de New-castle, en Angleterre, fournit assez de houille pour

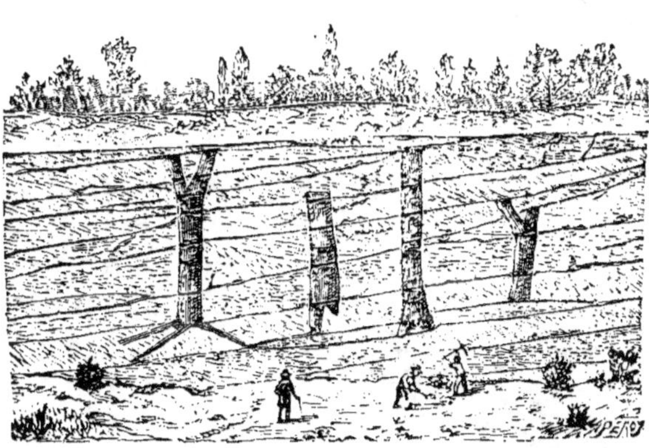

Tranchée faite dans une mine de houille contenant des troncs d'arbres conservés.

en charger chaque jour trois cents vaisseaux ; quarante mille ouvriers y sont occupés à l'extraction de ce combustible.

Les États-Unis d'Amérique renferment une prodigieuse quantité de houille. Ensuite vient l'Angleterre, puis la Belgique, la Prusse, et enfin la France.

Nous possédons plusieurs gisements importants dans le département du Nord, et surtout entre le Rhône et la Loire. La ville de Saint-

Ouvriers dans une galerie de houille.

Etienne doit sa prospérité aux mines de houille qui l'entourent.

2° *Coke.* — Le *coke* est aussi du charbon. Vous savez qu'il diffère beaucoup de la houille : il est d'un gris terne, léger et caverneux ; il brûle sans flamme, sans fumée et sans répandre d'odeur.

Il est fabriqué avec la houille. On enferme la houille dans de grands vases de fonte qu'on nomme des *cornues*, puis on la chauffe fortement. La chaleur décompose la houille : elle en chasse le *gaz d'éclairage*, et elle laisse le coke dans les cornues. C'est donc surtout dans les usines à gaz que

Cornue à gaz.

le coke se prépare en grande quantité.

3° *Tourbe.* — La *tourbe* est une matière brune,

spongieuse et légère. Elle brûle facilement, en répandant une odeur analogue à celle des herbes sèches. La tourbe, comme la houille, se trouve au sein de la terre. Elle est formée de débris de végétaux qui ne sont pas encore entièrement décomposés. Les amas de tourbe qu'on rencontre en grand nombre à la surface de la terre portent le nom de *tourbières;* il y en a plusieurs dans le nord de la France.

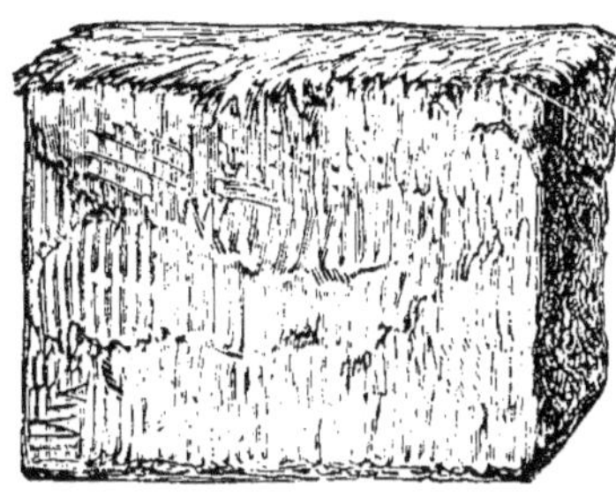

Briquette de tourbe.

On emploie la tourbe comme combustible, sous forme de briquettes séchées au soleil; les Hollandais en font une consommation considérable.

4° *Charbon de bois.* — Dans les grandes forêts, là où le transport du bois est difficile, on fabrique du *charbon de bois,* plus facilement transportable.

Les morceaux de bois sont empilés les uns à côté

Meule pour la fabrication du charbon de bois.

des autres, en forme de pyramide; on a seulement soin de laisser au centre un espace vide, pour mettre le feu. On recouvre la pyramide de mottes de gazon, sur lesquelles on applique de la terre bien battue, en laissant toujours ouvert le trou qui est au milieu, et en ménageant, de plus, quelques ouvertures en bas, pour laisser entrer l'air.

Quand tout est disposé, on jette des morceaux de bois allumés dans l'espace vide qui est au centre de la pyramide. Le feu se communique tout doucement dans toute la *meule*, et bientôt on a sous la couche de gazon un énorme brasier.

Alors on bouche toutes les ouvertures, pour qu'il n'entre pas une trop grande quantité d'air, et que le bois ne brûle pas complètement. Au bout de quelques jours, on augmente l'épaisseur de la couche de terre, ce qui étouffe complètement le feu, et on laisse refroidir.

On a ainsi obtenu ce charbon de bois que vous connaissez tous, qui brûle si facilement, en ne produisant ni flamme, ni fumée, ni odeur.

Il y a bien longtemps qu'on fabrique le charbon de bois par ce procédé. Malgré son prix élevé, il est fort employé, car il est très commode. A Paris seulement, on en brûle chaque année pour plus de vingt-cinq millions de francs.

Mais c'est un ami dangereux, et dont il faut se méfier. Quand le charbon brûle, il répand dans l'air un gaz nommé *acide carbonique*, qu'on ne voit pas, et qu'on ne sent pas, mais qui rend l'air très mauvais à respirer. Toutes les fois qu'on brûle du charbon dans un fourneau sans cheminée, il faut ouvrir au moins une porte ou une fenêtre de l'appartement. Sans cette précaution, on risquerait d'être asphyxié.

Le bois. — Pendant longtemps le *bois* a été le seul combustible employé, et dans bien des pays on n'en connaît pas d'autre. Il est beaucoup plus agréable que le charbon de terre et le coke ; quand il est sec, il prend feu plus facilement ; on peut le tourner, le retourner, on peut même *tisonner*, sans l'éteindre. Mais le bois est plus cher que le charbon de terre, et il donne moins de chaleur.

De plus, on le brûle ordinairement dans les cheminées, qui sont de détestables moyens de chauffage.

Si vous voulez savoir pourquoi les cheminées actuelles sont si mal disposées pour chauffer, tournez quelques pages de ce livre, allez à l'endroit où je vous explique la *cause du vent*, et vous y verrez que l'air de la chambre s'en va par la cheminée à mesure qu'il s'échauffe, de façon que la chaleur produite par le bois s'en va presque toute avec la fumée.

Tous les bois, lorsqu'ils sont également secs, produisent en brûlant la même quantité de chaleur. Les bois légers, sapin, bouleau, tremble, peuplier, qui brûlent rapidement, sont employés chaque fois qu'on veut obtenir une température très élevée. Dans le chauffage des appartements, il est plus avantageux de se servir des bois durs et lourds, chêne, hêtre, orme, frêne, qui brûlent plus lentement, en répandant pendant longtemps une douce chaleur.

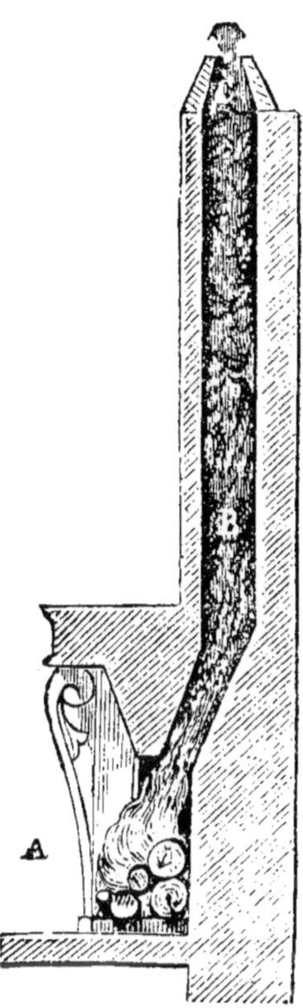

Coupe verticale d'une cheminée.

Les *mottes*, dont on brûle de si grandes quantités dans les villes, sont faites avec l'écorce de chêne qui a servi au tannage du cuir. On fait de même des sortes de mottes, nommées *charbon moulé de Paris*, avec les débris de charbon de bois, et d'autres, appelées *agglomérées*, avec les débris de charbon de terre; mais ce sont là des combustibles de moindre importance.

Le gaz d'éclairage. — Le *gaz d'éclairage* a été préparé pour la première fois, à la fin du siècle dernier, par l'ingénieur français Philippe Lebon. Aujourd'hui il est connu partout : de petits tuyaux de plomb le conduisent dans toutes les rues et dans toutes les maisons. On ouvre un robinet, on présente une allu-

Lanterne de ville.

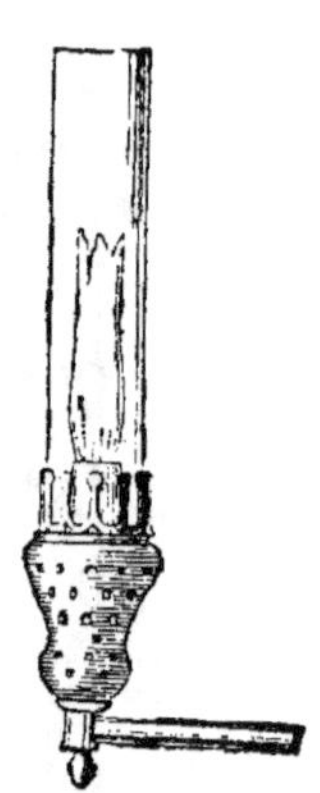

Bec d'appartement.

mette enflammée à l'ouverture du bec, et on a aussitôt une lumière éclatante.

Et ce gaz, qui nous éclaire si bien, nous chauffe encore mieux. Un tuyau flexible de caoutchouc amène le gaz dans un petit fourneau de fonte, qu'on peut placer où l'on veut. On n'a qu'à tourner le robinet et à allumer, et

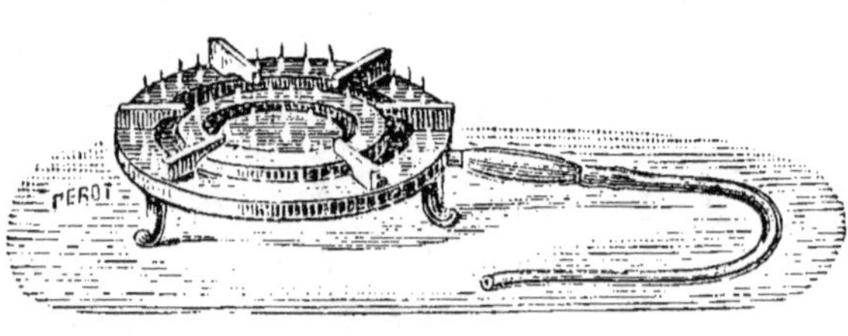

Fourneau à gaz.

l'on a une flamme claire qui fait bouillir l'eau en moins de temps qu'il n'en faudrait pour allumer un morceau de charbon.

C'est là le plus parfait des combustibles. Il n'est

ni malpropre ni encombrant, et il brûle indéfiniment sans qu'on soit obligé de s'en occuper.

Le gaz n'a qu'un inconvénient. Quand on a laissé par négligence un bec ouvert, quand un tuyau est percé, il se répand dans les appartements. Si l'on entre alors avec une lumière à la main, ce mélange de gaz et d'air s'enflamme aussitôt avec une détonation épouvantable, renversant les cloisons et faisant de nombreuses victimes. Ces horribles accidents sont malheureusement trop fréquents : aussi ne saurait-on prendre trop de précautions pour éviter les fuites de gaz.

Actuellement à Paris on brûle le gaz par 600 000 becs, et sa consommation ne fera qu'augmenter. Quand bien même la lumière électrique viendrait à le remplacer pour l'éclairage, il serait encore employé pour le chauffage.

On retire le gaz d'éclairage de la houille. Quand on chauffe fortement la houille dans une cornue, il

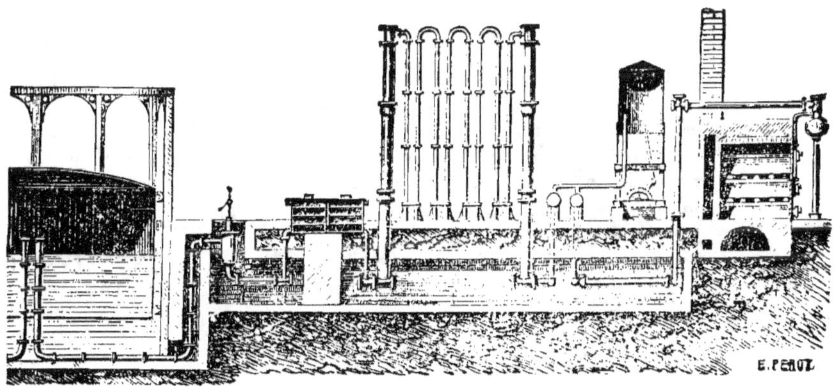

Appareil pour la fabrication du gaz.

s'en échappe un gaz puant, humide, qui souille tout ce qu'il touche, et qui brûle avec une grande flamme blanche, en répandant une fumée noire et une odeur désagréable. Mais, avant de l'employer, on le purifie de manière à lui enlever presque toute sa mauvaise odeur et à lui permettre de brûler sans fumée.

C'est une curieuse visite à faire que celle d'une usine à gaz.

Voyez, en passant, quelle admirable chose est la houille. C'est la houille qui chauffe toutes nos machines à vapeur; c'est la houille qui nous donne le coke et le gaz d'éclairage. Et ce n'est pas tout.

Quand on a purifié le gaz, il reste dans le tuyau une vilaine substance noire, à moitié liquide, à moitié solide, qu'on nomme le *goudron*. Eh bien, avec ce goudron on fabrique les couleurs les plus pures et les plus riches que connaissent les teinturiers, les parfums les plus exquis qu'emploient les parfumeurs et les confiseurs. Du goudron on retire l'acide phénique, médicament précieux; la benzine, qui enlève les taches de nos vêtements; les poudres fulminantes, beaucoup plus dangereuses que la poudre de chasse..., et bien d'autres produits encore, dont la liste serait trop longue.

Le pétrole. — Depuis une vingtaine d'années, on emploie beaucoup pour l'éclairage une sorte d'huile minérale nommée *pétrole*. Le pétrole se trouve partout maintenant : on le nomme *luciline*, *essence*, *huile minérale*; mais tout cela n'est que du pétrole, plus ou moins épuré.

Pour l'éclairage, le pétrole remplace de plus en plus la chandelle, la bougie, l'huile, qui coûtent plus cher et éclairent moins bien. On s'en sert aussi pour le chauffage. Le fourneau à pétrole est tout aussi commode que le

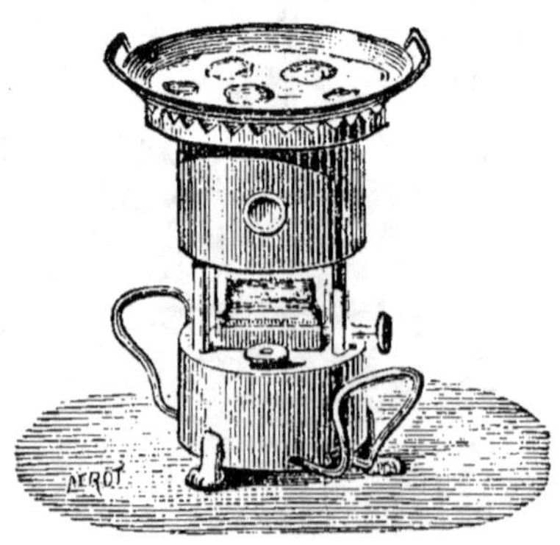

Fourneau à pétrole.

fourneau à gaz; il s'allume et s'éteint aussi facilement; et quand on l'a bien garni, il brûle des heures entières sans qu'on soit obligé de s'en occuper.

Mais songez-y bien, mes enfants, le pétrole est le plus dangereux de tous les combustibles. Il s'enflamme aussi facilement que le gaz, et, si on le renverse, il coule comme une rivière de feu que rien ne peut éteindre. Ne touchez jamais les lampes ni les fourneaux à pétrole. Les accidents sont si nombreux et si terribles !

Le pétrole, comme la houille, se tire de la terre : c'est un véritable charbon liquide. Il y a, dans certains pays, des sources de pétrole, comme il y a des sources d'eau. Le plus souvent ces sources ne sortent pas à la surface du sol : il faut, comme pour la houille, aller chercher le liquide à une grande profondeur sous terre.

Lampion à pétrole.

C'est surtout l'Amérique qui nous le fournit : là, par un grand nombre de puits, on en retire chaque jour plusieurs milliers de mètres cubes. Vous pensez qu'il faut prendre de grandes précautions pour que toute cette quantité de pétrole ne s'enflamme pas. Quelquefois, malheureusement, les accidents les plus épouvantables sont venus jeter la consternation dans les mines de pétrole.

II. — MÉTAUX USUELS. — MONNAIES.

Les premiers hommes, qui vivaient il y a plusieurs milliers d'années, ne savaient pas faire le feu. Ils logeaient dans des cavernes. Ils ne connaissaient

pas non plus les métaux : tous leurs instruments
étaient de pierre.

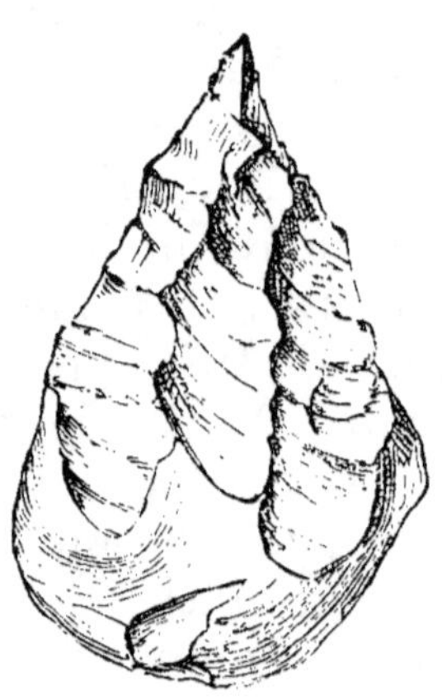

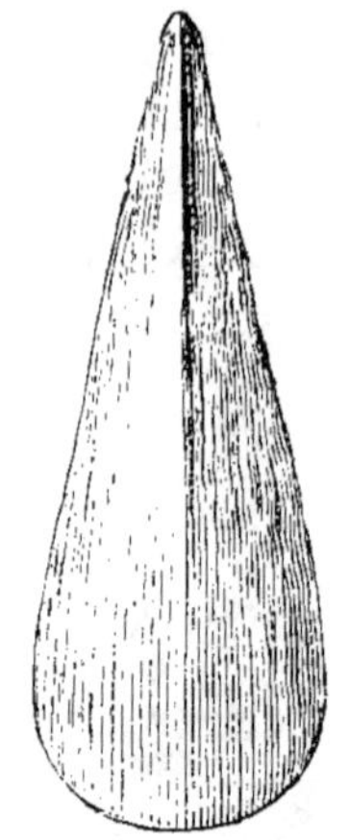

Hache de pierre.   Pointe de lance en pierre.

. Aujourd'hui, les métaux nous sont aussi indispensables que le feu et les habitations. Vous n'avez qu'à
regarder autour de vous, et vous verrez partout des
métaux, du fer, du cuivre, du zinc, du plomb. Il n'est
rien dans votre maison qui n'ait été fabriqué avec des
instruments en métal.

Les métaux actuellement connus sont très nombreux : il y en a cinquante-trois. Mais douze seulement sont réellement *usuels : zinc, plomb, étain, fer,
cuivre, or, argent, platine, aluminium, mercure,
nickel, antimoine.* Vous connaissez certainement les
sept premiers; les autres sont beaucoup moins employés, et je ne vous en parlerai pas, ou presque pas.

Le zinc. — Quand il est neuf, le zinc a une jolie
couleur d'un blanc bleuâtre; mais il ne tarde pas à
se ternir à l'air. Vous n'avez qu'à gratter un peu avec
un couteau la surface d'une plaque de zinc, pour le
voir apparaître avec son bel éclat.

Le zinc, comme tous les métaux, est fort lourd. Il
pèse sept fois plus qu'un égal volume d'eau. Les

fabricants savent le réduire en lames très minces et très flexibles, auxquelles on peut donner facilement toutes les formes, ce qui permet de l'employer à un assez grand nombre d'usages. Les lames de zinc sont souvent utilisées pour couvrir les maisons, pour fabriquer des gouttières et des tuyaux. Avec les lames de zinc, on fait encore divers ustensiles de ménage, tels que les baignoires et les seaux dans lesquels on conserve l'eau : les seaux en bois, employés autrefois au même usage, ne tardaient pas à donner au liquide un mauvais goût et une odeur désagréable.

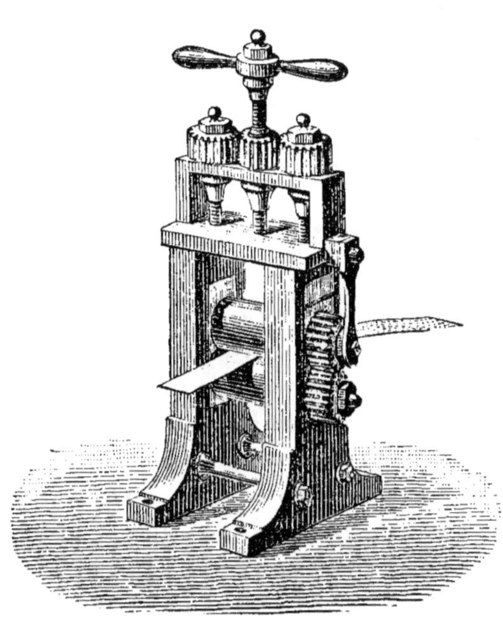

Pour réduire un métal à l'état de lame très mince, on le fait passer au laminoir.

Mais on ne peut guère mettre dans les vases en zinc autre chose que de l'eau. Les liquides acides, le vinaigre, le verjus, le jus de citron, le vin, le cidre, la bière, les corps gras et le sel, détériorent rapidement ce métal. Si l'on faisait séjourner ces substances dans un vase en zinc, elles pourraient même causer de véritables empoisonnements. Vous concevez alors pourquoi on ne fait jamais en zinc les vases qui doivent servir à préparer et à conserver les aliments.

De plus, on ne peut pas demander aux objets en zinc une grande solidité.

Enfin, le zinc étant très facilement fusible, et même *combustible*, on ne devra pas faire en zinc les ustensiles destinés à être fortement chauffés. Quand le zinc brûle, il produit une belle flamme bleuâtre, avec une épaisse fumée blanche, qui sert aux peintres sous le nom de *blanc de zinc*.

Le zinc est facilement fusible et très combustible.

Le zinc, comme tous les métaux, est extrait du sein de la terre. Une pierre nommée *blende*, une autre nommée *calamine*, qui en renferment beaucoup, servent à le préparer : la *blende* et la *calamine* sont ce qu'on nomme des *minerais* de zinc. Ce mot *minerai* est employé pour tous les métaux. On appelle *minerai de zinc*, *minerai de fer*, *minerai de cuivre*, une pierre qui renferme du zinc, du fer, du cuivre, et qui est employée pour préparer ces métaux.

Les minerais de zinc se rencontrent surtout en Silésie et en Belgique.

Le plomb. — Le *plomb* ressemble beaucoup au zinc : il a le même éclat et la même couleur quand il est récemment fondu ou qu'on le gratte avec un couteau; il se ternit tout aussi rapidement à l'air. Mais il est bien plus mou : vous pouvez le rayer avec l'ongle. Quand on le frotte sur du papier, il laisse une trace grise.

On se sert du plomb chaque fois qu'on a besoin d'un métal qui puisse se plier et se replier sans casser. Les tuyaux qui conduisent l'eau et le gaz d'éclairage sont en plomb. Des tuyaux en zinc ou en fer ne seraient pas aussi commodes : car on ne pourrait pas, sans les briser, les courber pour les faire passer partout. C'est aussi avec du plomb que l'on fait les balles de fusil et les grains avec lesquel on charge les armes de chasse.

Les minerais de plomb se trouvent surtout en Angleterre et en Espagne. Il y en a un peu en France.

L'étain. — L'*étain* est plus blanc que le zinc et que le plomb : plus facilement fusible encore que ces deux métaux. Il est presque aussi mou que le plomb, et se ternit tout aussi facilement à l'air.

En le battant avec un marteau, on peut aisément le réduire en feuilles très minces. Les feuilles avec lesquelles on recouvre le chocolat pour le préserver de l'humidité sont en étain.

Ce que l'étain a de particulièrement précieux, c'est qu'il n'est pas attaqué par les corps qui attaquent le zinc. Tous les liquides, tous les aliments qui sont employés dans les ménages, peuvent se préparer et se conserver dans des vases en étain. Avec l'étain, on fabrique des couverts, des plats, des vases pour mesurer les boissons.

Les casseroles en fer et en cuivre dans lesquelles on fait la cuisine sont toujours recouvertes d'étain intérieurement.

L'étain nous vient d'Angleterre, d'Asie et d'Amérique.

Le cuivre. — Voici le plus beau des métaux, avec sa magnifique couleur rouge ; c'est aussi l'un des plus utiles.

Il doit principalement son importance à la facilité avec laquelle il se laisse façonner par le marteau, même à froid : il est très *malléable*.

Regardez ce *lingot* de cuivre : on peut l'aplatir sous le marteau, sans qu'il se brise, ni se déchire, et le réduire en une lame mince. La lame mince une fois faite, il suffit d'un *martelage* suffisamment prolongé, et de quelques *soudures*, pour en faire, suivant ses dimensions, une casserole, un corps de pompe, une grande chaudière.

Veut-on maintenant réduire le cuivre en fils fins : l'ouvrier prend sa *filière*. C'est une plaque d'acier percée d'un grand nombre de trous de plus en plus étroits. Il force successivement le fil, d'abord gros, à passer dans des trous de plus en plus petits, de manière à le rendre de plus en plus long et de plus en plus fin. C'est que le cuivre est très *ductile*. On ne pourrait en faire autant ni avec le zinc, ni avec le plomb, ni avec l'étain. Le fer, qui est trop dur, ne donnerait pas non plus de fils bien fins par ce procédé.

Chaudronnier battant le cuivre.

Enfin le cuivre ne fond pas aussi facilement que les

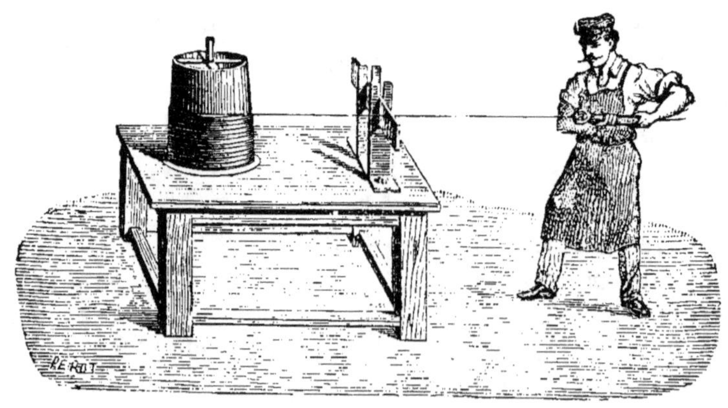

Filière fonctionnant.

métaux que nous venons d'étudier, et on peut mettre sur le feu un vase de cuivre sans avoir à craindre qu'il ne fonde.

C'est à cause de toutes ces propriétés précieuses

que le cuivre est employé à faire un grand nombre d'ustensiles de ménage et des chaudières pour l'industrie.

Mais il faut prendre des précautions avec les vases en cuivre. Quand ils sont depuis longtemps exposés à l'air, ils se recouvrent d'un corps vert, nommé *vert-de-gris*, qui est très nuisible à la santé. Le *vert-de-gris* se forme encore plus vite quand le vase renferme des aliments, surtout refroidis, des matières acides ou des matières grasses. Il faudra donc avoir soin de tenir les vases de cuivre dans un état de rigoureuse propreté, et, de plus, il ne faudra jamais y laisser refroidir ni séjourner les aliments.

Pour que le cuivre soit moins dangereux, on le recouvre très souvent d'une mince couche d'étain : on dit alors qu'il est *étamé*. Vous pensez bien qu'on ne le recouvrirait ni de zinc ni de plomb : car ces deux métaux sont aussi dangereux que le cuivre.

Le cuivre est aussi employé à la *galvanoplastie*. Je ne peux pas vous expliquer maintenant ce que c'est que la galvanoplastie. Sachez seulement que c'est un art par lequel, en se servant de l'électricité, on recouvre avec du cuivre des objets de toute nature.

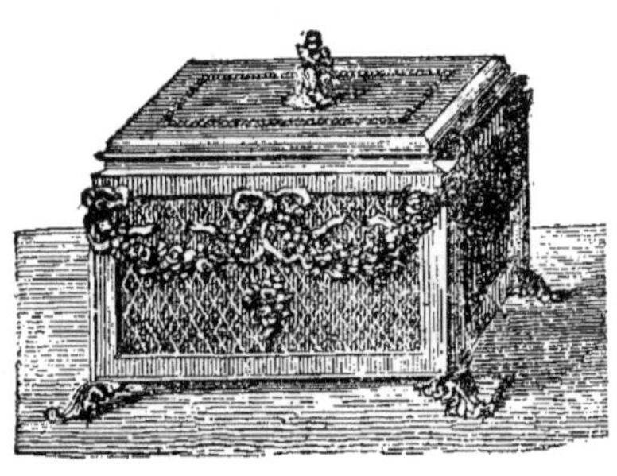

Un coffret fait par la galvanoplastie.

Ces usages du cuivre sont importants, et je suis loin de vous les avoir indiqués tous.

Alliages de cuivre. — Dans les divers usages du cuivre que nous avons énumérés on emploie le cuivre pur, ce qu'on appelle le *cuivre rouge*. Mais ce métal est encore bien plus souvent employé mélangé avec d'autres métaux.

On appelle *alliage* le mélange obtenu en fondant ensemble des proportions convenables de deux ou de plusieurs métaux. Vous allez voir combien d'alliages importants forme le cuivre.

Le *laiton*, ou *cuivre jaune*, est un mélange de cuivre et de zinc. Il est moins altérable à l'air que le cuivre rouge. Avec le laiton on fabrique une foule d'ustensiles de ménage, les truelles des plâtriers, les épingles, les boutons, les faux bijoux, les candélabres, les garnitures de lampe.

La fabrication des épingles représente à elle seule, en Europe, une valeur de 75 millions de francs, qui correspond à plus de 225 milliards d'épingles.

Le *maillechort* est un alliage de cuivre, de zinc, et d'un autre métal, le nickel. Il est employé à la fabrication des couverts argentés et d'une multitude de petits objets de luxe.

Enfin, le *bronze* est un alliage de cuivre et d'étain, auquel on ajoute quelquefois un peu de zinc. Il sert à la fabrication des canons, des cloches, des statues, des médailles, des monnaies, des cymbales, des timbres d'horlogerie, des feuilles pour doubler les navires, etc.

En Europe, c'est encore l'Angleterre qui produit le plus de cuivre; on en tire beaucoup du Chili, dans l'Amérique du Sud; il n'y en a presque pas en France.

Le fer. — Regardez autour de vous, partout vous verrez du *fer* : c'est le métal dont l'emploi est le plus fréquent.

Les machines à vapeur, les rails des chemins de fer, tous les instruments qui servent aux ouvriers de divers métiers sont en fer. Il n'est pas un des objets qui vous entourent qui n'ait été touché par le fer, fabriqué avec des outils en fer.

Les minerais desquels on retire le fer sont heureusement assez abondants en France. On en rencontre de grands amas souterrains en Normandie, en Berry, en Lorraine et en Franche-Comté.

Nous allons dire successivement quelques mots des

trois variétés de fer connues sous le nom de *fer pur*, *fonte* et *acier*.

1° *Fer pur*. — Le fer à peu près pur, qu'on appelle tout simplement *fer*, est d'un blanc grisâtre lorsqu'il est bien propre.

Le feu de forge le plus violent ne parvient pas à le fondre : aussi est-il employé pour fabriquer tous les objets qui doivent être fortement chauffés.

Quand on le soumet à un feu très vif, il ne fond pas, mais il rougit et devient assez mou pour que l'on puisse lui donner très facilement, à coups de marteau, toutes les

Forgerons travaillant le fer.

formes que l'on veut.

De plus. quand on rapproche l'une de l'autre deux barres de fer fortement chauffées, et qu'on les frappe avec le marteau, elles se soudent solidement l'une à l'autre.

Ces deux propriétés facilitent considérablement le travail du fer, et sont en grande partie les causes de de son emploi continuel. Les objets de serrurerie, les lits en fer. les grilles des balcons et des jardins, les fers des chevaux. presque tous les outils, sont fabriqués avec des barres et des tringles de fer, qu'on a courbées et recourbées dans tous les sens avec le marteau, alors qu'elles étaient fortement chauffées.

Mais c'est surtout la dureté du fer qui en fait le plus précieux de tous les métaux. Le fer ne se casse pas sous les chocs les plus violents, il ne s'écrase pas non plus, et le frottement ne l'use qu'avec une extrême lenteur.

On fabriquera donc en fer tous les objets qui demanderont de la solidité, tous ceux qui seront exposés à être soumis à un grand frottement, ou qui auront à supporter des poids considérables, c'est-à-dire les chaînes, les essieux de voiture, les cercles de roues, le soc des charrues, les marteaux, les clous....

Le fer ne se réduit pas aussi facilement en lames que le cuivre ou l'étain, mais on peut cependant fabriquer des lames de fer. Elles sont beaucoup plus solides que les lames de cuivre, et elles sont employées pour confectionner tous les objets susceptibles d'être exposés à des chocs ou à des pressions. Le fer en lame s'appelle de la *tôle* : il est employé sous cette forme pour beaucoup d'ustensiles domestiques, et pour les chaudières des machines à vapeur.

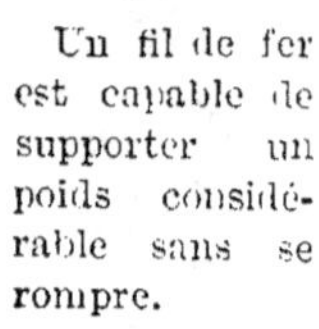

Un fil de fer est capable de supporter un poids considérable sans se rompre.

A côté de tant d'avantages, le fer a un grave inconvénient : il se *rouille* à l'air.

Je vous ai déjà dit que le plomb, le zinc, l'étain, le cuivre, se ternissent à l'air, ce qui veut dire que l'air les altère. Mais cette altération reste toujours à la surface, et ne ronge pas le métal intérieurement. La rouille exerce beaucoup plus de ravages sur le fer : elle augmente constamment, pénètre chaque jour plus profondément, et elle finit par détruire complètement le métal, qui s'en va peu à peu en petites plaques grises. Ce sont surtout les objets exposés à l'humidité qui se rouillent facilement.

Pour préserver le fer de la rouille, on le recouvre souvent d'une couche de peinture. Plus fréquemment encore on le recouvre d'une mince couche d'un métal moins altérable, plomb, zinc, étain, cuivre, nickel.

Vous connaissez surtout le fer recouvert d'étain, celui qu'on nomme *fer-blanc* ou *fer étamé.*

On fait, pour la cuisine, beaucoup de casseroles en fer. Quand même elles ne seraient pas parfaitement étamées, elles ne seraient pas dangereuses, parce que la rouille n'est pas un poison.

2° *Fonte.* — La fonte est du fer impur, qui renferme un peu de charbon. Elle n'a pas toutes les qualités du fer, mais elle a des qualités que le fer n'a pas.

Ainsi, la fonte est fragile, elle se brise assez facilement ; il ne faudra pas l'employer pour fabriquer les objets qui seront soumis à des chocs violents.

Mais les colonnes qui soutiennent les plafonds, les grilles des balcons, les marmites, les poêles, objets qui ne doivent pas supporter de chocs, peuvent être en fonte. Et l'on se procure la fonte à meilleur marché que le fer.

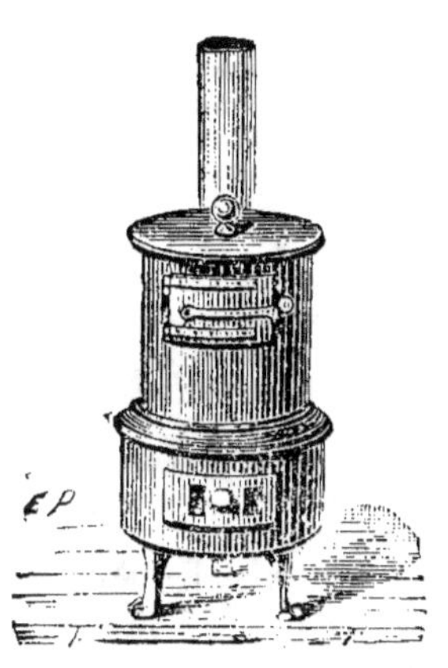

Poêle en fonte.

La fonte se travaille tout autrement que le fer. Elle se fond plus facilement, mais sans se ramollir avant de fondre, de sorte qu'elle ne peut jamais se travailler au marteau, puisqu'elle est toujours fragile et jamais molle. On obtient les objets en fonte, en coulant le métal fondu dans un moule en terre.

3° *L'acier.* — L'acier est encore du fer impur, qui renferme un peu de charbon. Il en renferme moins que la fonte et doit à sa présence les plus précieuses qualités. C'est le meilleur de tous les fers.

L'acier est plus flexible que le fer, plus dur encore, et plus facile à travailler au marteau lorsqu'il est chauffé au rouge. Il a donc les qualités du fer.

Mais, en plus, il est fusible comme la fonte, et on peut aussi le travailler en le coulant dans des moules.

Enfin, il a une propriété toute particulière : quand on le chauffe au rouge, et qu'on le refroidit brusquement en le trempant dans de l'eau froide, il devient extrèmement dur, assez dur pour user et entamer presque tous les corps. Il prend alors le nom d'*acier trempé*.

Avec l'acier trempé on fabrique tous les outils pour lesquels une grande dureté est nécessaire : les pics avec lesquels on taille les pierres dures, les limes qui mordent sur les métaux, les aiguilles et tous les instruments tranchants.

L'argent et l'or. — Combien l'argent et l'or, qu'on appelle des métaux précieux, sont peu précieux cependant en comparaison du fer ! S'ils venaient à disparaître de la surface de la terre, c'est à peine si on s'en apercevrait.

L'*or* a un bel éclat rougeâtre. Il ne s'altère pas du tout à l'air, et conserve toujours ce bel éclat; les corps acides ne l'attaquent pas non plus. On a trouvé des *mines d'or* dans toutes les parties du monde, et principalement en Australie et en Californie. Ce métal a une valeur de plus de 3 000 francs le kilogramme : aussi est-il employé seulement comme métal de luxe. On en recouvre le cuivre, le bronze, le laiton et même l'argent. On a alors des objets qui n'ont pas une grande valeur, et qui ont tout l'éclat de l'or, en même temps qu'ils en ont toute l'inaltérabilité. Enfin on fabrique avec l'or des bijoux qui sont d'un prix très élevé. Seulement, comme ce métal est beaucoup trop mou, on le mélange toujours avec un peu de cuivre, qui lui donne plus de solidité.

L'*argent* est aussi un métal rare et cher. Il vaut à peu près 200 francs le kilogramme. Les mines d'argent les plus riches sont celles du Mexique et du Pérou. Il est d'un blanc très éclatant, un peu plus dur que l'or, mais moins dur que le cuivre. Il ne se ternit pas à l'air. Il est employé dans la bijouterie et dans l'orfèvrerie.

Les monnaies. — Le plus important des usages de l'or et de l'argent est dans la fabrication des *monnaies,*

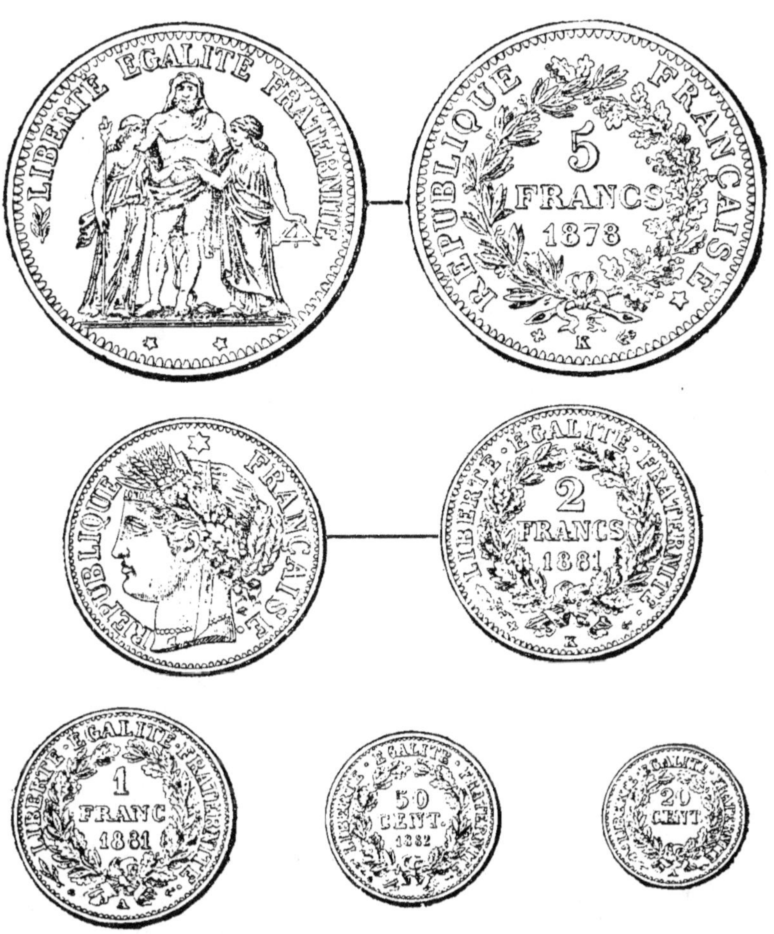

Monnaies d'argent.

qui ont pour but de faciliter les échanges, les achats et les ventes.

Mais, pour que les monnaies ne puissent pas servir

à tromper les vendeurs, il faut qu'elles aient une valeur bien fixe, connue de tous. C'est pour cela que l'État se charge de fabriquer les monnaies.

Les monnaies d'or et d'argent sont toujours faites avec des alliages d'or et de cuivre, ou d'argent et de cuivre. Ces alliages s'usent moins vite que les métaux purs.

Voici les monnaies d'or et d'argent employées en France.

Monnaies d'argent. — La plus petite des monnaies d'argent est la pièce de 20 centimes : elle pèse seulement un gramme. Puis viennent les pièces de 50 centimes, pesant 2 grammes et demi ; de 1 franc, pesant 5 grammes ; de 2 francs, pesant 10 grammes ; et de 5 francs, pesant 25 grammes.

Vous voyez que l'argent des monnaies vaut 20 centimes le gramme.

Les pièces de 20 et de 50 centimes, celles de 1 franc et de 2 francs sont faites avec un alliage de 835 parties d'argent pour 165 parties de cuivre.

Les pièces de 5 francs renferment 900 parties d'argent pour 100 parties de cuivre[1].

Monnaies d'or. — Les monnaies d'or renferment toutes 900 parties d'or pour 100 parties de cuivre.

Ce sont : la pièce de 5 francs, celle de 10 francs, celle de 20 francs, celle de 50 francs et celle de 100 francs.

Les monnaies d'or ont une valeur quinze fois et demie plus grande que les monnaies d'argent, c'est-à-dire que chaque pièce d'or pèse quinze fois et demie moins que ne pèserait sa valeur en argent.

Ainsi, la pièce de 5 francs en argent pèse 25 grammes ; la pièce de 5 francs en or pèsera 25

---

1. Le total des espèces d'argent fabriquées selon le système décimal, de 1795 au 31 décembre 1883, s'élève à 5 519 846 168 fr. 35, savoir : pièces de 5 fr., 5 060 606 210 fr.; — de 2 fr., 154 116 526 fr.; — de 1 fr., 195 557 902 fr.; — de 50 centimes, 93 641 698 fr. 50 ; — de 25 centimes, 7 671 101 fr. 25 ; — de 20 centimes, 8 252 700 fr. 60.

divisé par 15,5 : elle pèse un gramme et 612 milli-
grammes [1].

Monnaies d'or.

Monnaies de bronze. — Enfin, pour acheter les objets de petite valeur, on se sert des monnaies de
bronze. Les pièces de bronze sont faites d'un alliage
de cuivre, d'étain et de zinc.

1. Le total des espèces d'or fabriquées selon le système décimal,
de 1795 au 31 décembre 1883, s'élève à 8 722 317 200 francs, savoir :
pièces de 100 fr., 55 396 900 fr.; — de 50 fr., 46 833 400 fr.; — de
40 fr., 204 432 360 fr.; — de 20 fr., 7 168 602 800 fr.; — de 10 fr.,
1 013 641 610 fr.; — de 5 fr., 233 110 130 fr.

La pièce de 1 centime pèse 1 gramme; celle de

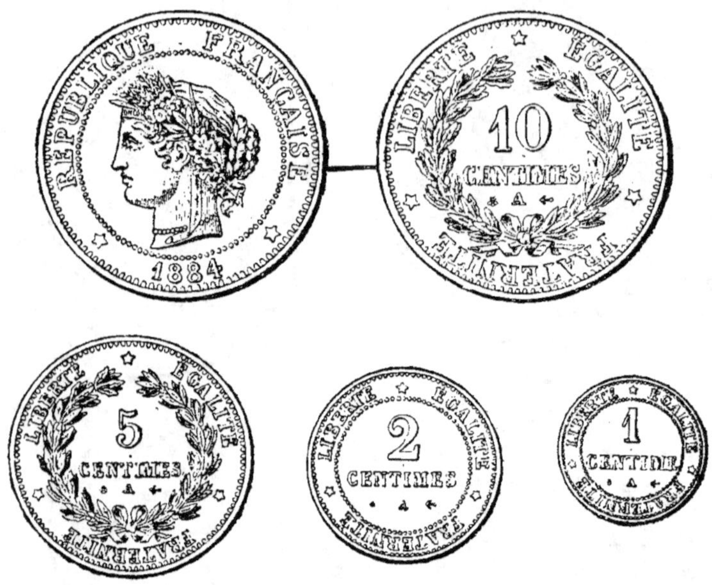

Monnaies de bronze.

2 centimes, 2 grammes; celle de 5 centimes,
5 grammes; celle de 10 centimes, 10 grammes[1].

III. — L'EAU.

**(L'évaporation; les nuages; la pluie; la neige; la glace; les
sources; les rivières; les lacs; les puits; les canaux. L'eau de
mer et le sel marin.)**

L'évaporation. — Quand le matin vous vous êtes lavé
la figure à grande eau, vous étendez votre serviette

1. Le total des pièces de bronze fabriquées depuis la refonte
ordonnée par la loi du 6 mai 1852 jusqu'au 31 décembre 1883
s'élève à 63 791 224 fr. 90 c., savoir : pièces de 10 centimes,
33 739 573 fr. 40 c.; — de 5 centimes, 26 975 318 fr. 05 c. — de
2 centimes, 1 898 706 fr. 52 c.; — de 1 centime, 1 177 596 fr. 93 c.

pour la faire *sécher*. Qu'est-ce que cela, une serviette qui sèche? Que devient l'eau qui la mouillait?

Cette eau s'*évapore*; elle se répand dans l'air, de manière qu'il y en ait un peu partout, et qu'on ne puisse la voir; elle se transforme en *vapeur d'eau*, c'est-à-dire en eau invisible, à l'état de *gaz*, comme l'on dit.

Plus il fait chaud, plus l'*évaporation* de l'eau se fait vite. Si je mets sur un poêle chauffé un vase renfermant un peu d'eau, le vase sera vide au bout de quelques instants; l'eau aura été complètement réduite en vapeur. Et l'évaporation sera d'autant plus rapide que la surface du vase sera plus considérable, et la couche d'eau moins épaisse.

Partout où il y a de l'eau à la surface de la terre, il y a *évaporation*. Aussi il y a toujours de la vapeur d'eau dans l'air, même lorsque le temps est parfaitement clair, et le ciel absolument serein. Il est aisé de le montrer.

Je mets dans ce verre quelques morceaux de glace et une poignée de sel. La glace, dont je vous parlerai bientôt, et le sel mélangés produisent un très grand froid. Voyez : le verre devient blanc à l'exté-rieur, il se couvre de neige. D'où vient cette neige? La vapeur d'eau, qui était invisible dans l'air, s'est déposée sur

Arborescence de glace sur les vitres.

les parois extérieures du verre par suite du froid qui s'est produit à l'intérieur de ce verre : on dit alors que la vapeur s'est *condensée*. La chaleur fait la vapeur, le froid la défait, la *condense*.

Ces beaux dessins de glace qui se forment en hiver sur les vitres de nos chambres sont faits de vapeur d'eau condensée.

En été, lorsque vous remplissez une carafe d'eau bien fraîche, vous voyez une buée, semblable à de la rosée, se déposer sur les parois extérieures du vase et couler bientôt en gouttelettes épaisses. Là encore, la vapeur d'eau qui était dans l'air a été condensée par le froid de la carafe.

Les brouillards et les nuages.— Il y a donc toujours de la vapeur d'eau, à l'état invisible, dans l'air même le plus transparent. Nous savons, en outre, qu'un refroidissement fait revenir cette vapeur à l'état liquide.

Supposez donc que l'air se refroidisse brusquement en quelque endroit : la vapeur qu'il contient se condensera, reprendra l'état liquide, et nous aurons dans l'air de fines gouttelettes d'eau fort petites, mais très nombreuses. Si ce refroidissement s'est produit près de la terre,

Nuages sur une montagne.

ces fines gouttelettes formeront un *brouillard*. Si le refroidissement s'est produit dans les hautes régions, bien au-dessus de nous, elles constituent un *nuage*.

Les nuages sont donc composés de fines gouttelettes
d'eau. Ils viennent souvent de bien loin, apportés par
le vent. C'est surtout de la mer qu'ils arrivent : car
au-dessus de la mer il y a naturellement plus de vapeur d'eau que partout ailleurs. Aussi le vent qui
vient de la mer — en France c'est le vent de l'ouest —
nous amène-t-il souvent la pluie.

Les nuages ne sont pas toujours très haut. Le brouillard. c'est un nuage à la surface même de la terre.
D'autres nuages sont assez bas pour toucher les clo-
chers des églises. d'autres couronnent le sommet des
montagnes, d'autres passent au-dessus des plus hautes
montagnes. Mais ils sont tous formés de la même
manière.

La pluie. — Quand le refroidissement qui a causé la
formation des nuages augmente, les gouttelettes d'eau
deviennent plus nombreuses et plus grosses, parce
que la vapeur se condense en plus grande quantité!
Alors ces gouttelettes ne peuvent plus rester suspen-
dues dans l'air; elles tombent. Cette eau qui tombe
des nuages, c'est la *pluie*.

C'est la pluie qui fait pousser toutes les plantes,
sans lesquelles ni les hommes ni les animaux ne
sauraient vivre. Sans la pluie, les arbres, les herbes
ne tarderaient pas à périr, et bientôt aussi les animaux
et les hommes. Sans la pluie. il n'y aurait plus,
comme nous le verrons bientôt, ni fleuves, ni lacs,
pas même une source.

Ah! c'est vraiment admirable de comprendre tous
ces phénomènes! Voyez-vous l'eau de la mer, évaporée
par la chaleur du soleil, s'élever pour former la vapeur,
se réduire en nuages, se transporter dans l'air sous
l'impulsion du vent, tomber, suivant la température,
en pluie ou en neige, pour alimenter tous nos cours
d'eau ou s'écouler sur le sol, retourner enfin à la
mer d'où elle était partie, et d'où elle va repartir
encore pour un nouveau voyage!

Les inondations. — Cependant les pluies, quand elles sont trop fortes, font parfois bien du mal.

Elles détruisent par leur violence les plantes délicates ; les eaux qu'elles déversent coulent sur les terrains en pente, creusent des ravins, entraînent les terres les plus fertiles, et très fréquemment font déborder les rivières.

Rien n'est plus triste ni plus redoutable qu'une grande inondation. Tout est dans l'eau : les arbres

Une inondation.

sont arrachés et s'en vont à la dérive ; les moissons sont ensevelies sous des amas de sable ; les maisons s'écroulent ; les hommes, les femmes, les enfants, n'ont plus même la ressource de fuir pour échapper au danger.

Heureusement les cœurs dévoués ne font pas défaut ; et des secours de toute sorte viennent atténuer et combattre les funestes conséquences de ces terribles inondations. Rappelez-vous, mes enfants, que si quelque chose peut nous consoler des fléaux qui nous atteignent, ce sont les dévouements qu'ils font naître.

La rosée. — Quand vous vous levez de bonne heure pour aller vous promener dans la campagne, vous trouvez, surtout au printemps et à l'automne, l'herbe toute mouillée. Pourtant, le ciel est serein, sans nuage : le plus souvent il n'y a pas même de brouillard. D'où viennent donc ces gouttes d'eau qui brillent sur chaque brin d'herbe ? Elles viennent de la vapeur d'eau qui est dans l'air.

Pendant le jour le soleil échauffe l'herbe fortement. Aussitôt que la nuit arrive, l'herbe commence à se refroidir : bientôt elle est plus froide que l'air.

La vapeur se dépose sur l'herbe à ce moment, comme elle se déposait tout à l'heure sur les parois du verre où nous avions mis de l'eau rafraîchir. Et ces gouttelettes restent là jusqu'à ce que le soleil soit venu les réduire de nouveau en vapeur.

La rosée a aussi son utilité, et les plantes sont bien forcées de s'en contenter, quand la pluie se fait un peu attendre.

La neige. — La neige, c'est la pluie de l'hiver. Quand il fait froid, l'eau des nuages se gèle, et de microscopiques morceaux de glace s'unissent les uns aux autres pour former les flocons de neige.

Regardez de près ces flocons, à la *loupe*, si vous le pouvez. Quelle admirable régularité, et en même

Étoiles de neige.

temps quelle variété ! Toujours des fleurs à six pétales, mais qui prennent les formes les plus variées et les plus merveilleuses.

La neige préserve du froid. — La neige, quoique bien froide, préserve cependant les récoltes contre les rigueurs de l'hiver.

La couche de neige, qui recouvre souvent la terre en hiver, agit comme un manteau. Elle empêche les froids les plus vifs de pénétrer jusqu'au sol et de détruire la végétation. Sous un pied de neige, il fait alors beaucoup moins froid qu'à l'extérieur.

Quand il sera tombé de la neige, prenez le *thermomètre*, qui nous sert à mesurer le froid et la chaleur, et allez au jardin. Si vous trouvez que le thermomètre indique à l'air, par exemple, 8 degrés de froid, vous verrez, après l'avoir enfoncé doucement sous la neige, qu'il n'indique plus que 2 degrés. Par conséquent, il fait moins froid sous la neige que dans l'air.

Sans la neige, les récoltes auraient plus souvent à souffrir des rigueurs de l'hiver. Aussi les agriculteurs, lorsqu'il fait très froid, aiment-ils beaucoup voir la neige couvrir le sol.

Mais la neige, comme l'eau, est quelquefois terrible. Au printemps sa fonte trop rapide peut causer des inondations.

Un paysage en temps de neige.

Les neiges éternelles. — La neige nous rend d'autres services que de préserver nos récoltes. Elle alimente nos rivières en été, lorsque les pluies sont rares.

Au sommet des grandes montagnes, il fait toujours

froid, et il y a toujours des amas de *neiges éternelles*. Ces neiges fondent très lentement pendant l'été, et fournissent de l'eau à beaucoup de fleuves, qui, sans cela, seraient presque à sec.

Décidément la neige, comme la pluie, est une très bonne chose.

Parfois cependant une partie de ces neiges roule sur les flancs de la montagne pour venir fondre dans la vallée. Si cette chute est brusque, la masse glisse avec une rapidité vertigineuse, entraînant tout ce qu'elle rencontre sur son passage : c'est l'*avalanche*.

Une montagne avec ses neiges éternelles.

Malheur à ceux qui se trouvent sur sa route. Les rochers arrachés du sol font masse avec l'énorme boule de neige. Des forêts, des villages, sont écrasés ; des torrents sont arrêtés et chassés de leur lit. C'est par centaines que l'on compte, chaque année, les victimes de l'avalanche.

La glace. — Quand il fait froid, l'eau devient solide ; elle est alors semblable à du verre. Cette eau solide, c'est la *glace*.

Lorsqu'il fait plus chaud, la glace se fond et revient à l'état d'eau liquide.

Toutes les fois qu'il fait assez froid pour que la

glace se forme, on dit qu'il *gèle* ; lorsque la glace se
fond, on dit qu'il *dégèle*.

L'avalanche.

Nous allons étudier un peu cette nouvelle forme
de l'eau.

1° *La glace est toujours froide*. — Voyez ce bloc
de glace qui est dans la classe depuis plusieurs
heures : il est toujours froid, quoiqu'il fasse très
chaud ici.

C'est que, en effet, la glace ne peut pas s'échauffer.
Quand on la transporte dans un endroit chaud, elle
fond, mais elle reste froide ; elle ne fond même que
très lentement.

C'est pour cette raison que la glace est utilisée
afin de préserver la viande, les poissons, de l'action
putréfiante de la chaleur de l'été. On peut transporter
de l'Amérique du Sud en France de la viande de bou-
cherie, en l'entourant de glace ; et la traversée dure
un mois !

Pour avoir de la glace en été, dans les pays chauds,

on la conserve dans de grands trous nommés *glacières*, situés à l'abri de la chaleur du dehors. Du

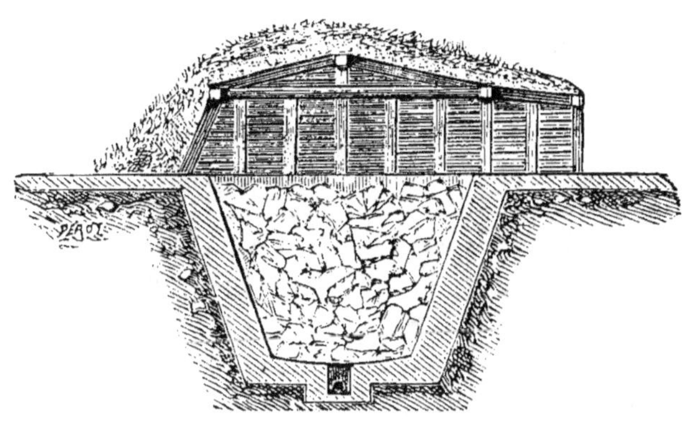

Une glacière.

reste, on sait maintenant fabriquer la glace, même en été, quand il fait chaud. Les grandes villes ont des usines pour la fabrication de la glace, comme pour la fabrication du gaz d'éclairage. On n'a plus besoin de la conserver, ni de la faire venir des pays froids.

2° *La glace fond toujours lentement.* — Non seu-

Huttes de glace des Esquimaux.

lement la glace ne s'échauffe pas quand on la met dans un endroit chaud, mais encore elle fond très lentement. Il faut plusieurs jours de chaleur pour fondre un bloc de glace un peu gros.

Les Esquimaux, tristes habitants des contrées glacées qui avoisinent le pôle, vivent souvent dans des huttes construites avec des blocs de glace. Malgré le feu qu'ils font dans l'intérieur de ces singulières maisons, les murs ne fondent guère. Il est vrai qu'il fait excessivement froid à l'extérieur.

3º *La glace est plus légère que l'eau.* — Il vous est arrivé de faire fondre du plomb, de voir fondre du beurre, de la graisse, de la cire. Tâchez de vous rappeler ce qui se produisait alors. A mesure que la fusion avait lieu, le liquide montait, tandis que les morceaux solides, non encore fondus, restaient au fond du vase. On en conclut que le plomb solide est plus lourd que le plomb fondu, le beurre solide plus lourd que le beurre fondu; ces corps restent au fond du vase, comme la pierre, plus lourde que l'eau, reste au fond de la rivière.

Fondez maintenant de la glace. Les morceaux restent à la surface de l'eau. Donc la glace est plus légère que l'eau, au lieu d'être plus lourde.

Ce fait exceptionnel est très heureux pour nous, et surtout pour les animaux qui vivent dans l'eau. Supposons la glace plus lourde que l'eau : au fur et à mesure de sa formation, elle se rendra au fond de la mer, du lac, de la rivière; l'eau, toujours refroidie à la surface, continuera à se congeler, et l'amoncellement du solide sur le fond augmentera de plus en plus.

Dans la réalité, au contraire, nous voyons les glaces surnager, former une croûte à la surface. L'eau qui continue à couler au-dessous est préservée du froid par ce manteau solide; elle ne se gèle plus qu'avec une extrême lenteur : la couche de glace n'augmente pas indéfiniment d'épaisseur.

Que le dégel vienne : elle sera aisément fondue, rapidement entraînée, et la rivière reprendra son cours régulier.

Mais il n'y a pas de roses sans épines : nous allons le voir ici une fois de plus. La glace est plus légère que l'eau : cela veut dire qu'un litre d'eau pèse plus qu'un litre de glace ; cela veut dire aussi qu'un litre d'eau, en se congelant, formera plus d'un litre de glace.

Donc, l'eau en se congelant augmente de volume. Eh bien, cette augmentation de volume se fait avec une force presque irrésistible. Un jour, un savant a rempli d'eau une grosse bombe de fer, et il a fermé l'ouverture avec un bouchon en fer fortement enfoncé. Puis il a exposé le tout à un froid très vif. Au bout de quelque temps, le bouchon fut lancé à une grande distance, et un cylindre de glace de vingt centimètres de long sortit par l'ouverture. Dans une autre expérience, le bouchon ayant résisté, la bombe elle-même fut fendue.

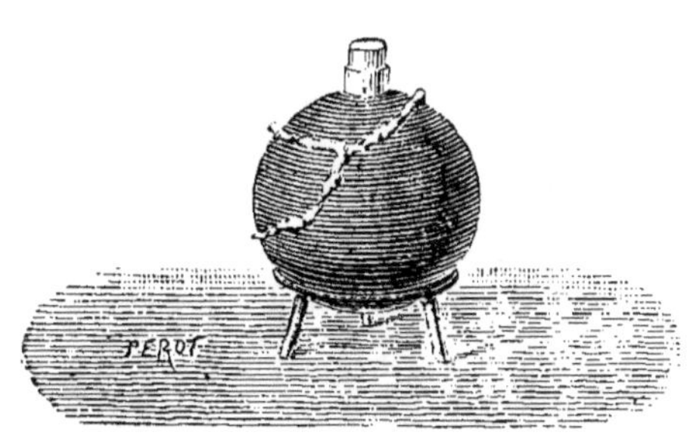

Bombe brisée par l'expansion de la glace.

Vous comprenez maintenant pourquoi l'hiver détermine souvent la perte des tuyaux qui conduisent l'eau, des pompes qui tirent l'eau des puits, la rupture des vases qu'on expose pleins d'eau à un froid trop vif. L'eau, augmentant de volume en se congelant, cause tous ces dégâts.

La glace des lacs, des mers et des rivières. — Si l'on expose au froid l'eau qui remplit un verre, elle est bientôt congelée. Mais dans les lacs, dans les mers et dans les rivières, les choses ne vont pas aussi vite.

Avant de se congeler, l'eau du lac doit se refroidir, et ce refroidissement est d'autant plus lent que le lac est plus profond ; très souvent l'hiver sera terminé avant que la glace ait commencé à se former. Les grands lacs de Suisse gèlent à peine une ou deux fois par siècle.

Vous pensez bien que les eaux de la mer, qui sont plus profondes que celles des lacs, gèlent plus difficilement encore. Sur les côtes de France, il est très rare de voir la mer se congeler.

Pour les fleuves et les rivières, ils se couvrent de glace plus fréquemment, parce qu'ils ont une profondeur beaucoup moindre. L'épaisseur de la couche de glace devient quelquefois assez considérable pour que les plus lourds chariots puissent s'aventurer sans

Traîneau à voile sur la glace, au Canada.

danger sur les rivières gelées. En 1879, à Vichy, les plus grosses voitures de roulage circulèrent sur l'Allier comme sur une route.

En 1795, la flotte hollandaise étant prise dans les glaces, un général français, Pichegru, la prit d'assaut avec un régiment de hussards.

Mais quand les glaces atteignent une épaisseur suffisante pour porter de semblables fardeaux, elles deviennent terribles au dégel. Tous les glaçons se brisent, se séparent les uns des autres, et sont entraînés par le courant : il ne fait pas bon se trouver devant. Ils bousculent tout sur leur passage : c'est la

débâcle. Le fleuve, devenu torrent par suite de la fonte des neiges, précipite sa course : les ponts sont emportés, les chaussées dé-

Une débâcle.

truites, les plaines submergées. Nulle puissance ne peut arrêter le fléau.

Et cependant les plus gros glaçons de nos fleuves ne sont rien à côté des amas de glace que l'on ren-

Glaces flottantes.

contre dans le voisinage des régions polaires, là où il fait toujours froid. Sur une mer souvent agitée par la tempête, flottent des blocs énormes. Les plus petits, ceux qui n'ont guère que le volume d'un navire, prennent le nom de *glaces flottantes*. Les masses de plus grande dimension sont appelées *îles de glace, champs de glace, banquises*.

On a vu des banquises de plus de deux cents kilomètres de longueur sur cent de largeur s'élevant à cinquante ou soixante mètres au-dessus du niveau de la mer.

Et tous ces glaçons flottent doucement, entraînés par les courants marins vers nos régions plus tempérées. A mesure qu'elles s'éloignent du pôle, ces glaces fondent : quelques morceaux à peine arrivent jusqu'au nord de l'Écosse. Les matelots qui vont pêcher la morue au large de Terre-Neuve les rencontrent sur leur route, et ne sont pas toujours assez heureux pour éviter leur formidable choc ; les brouillards intenses qui règnent constamment dans ces régions augmentent encore le danger.

Les glaciers. — Nous avons dit que la neige tombe en toutes saisons sur les montagnes très élevées. Une partie de cette neige glisse le long des flancs, sous forme d'avalanche. Le reste se change en glace.

Au sommet de la montagne, les rayons du soleil, que rien n'arrête, sont vifs. Ils traversent une atmosphère glacée pour venir fondre lentement la neige à la surface. L'eau de la fonte pénètre dans les couches inférieures, descend un peu, puis se congèle de nouveau, soudant ensemble les cristaux de neige. Ainsi, à une faible distance du sommet, on ne trouve plus de la neige, mais de la glace, formée par la neige qui a subi une série de dégels et de regels successifs : cet amas de glace se nomme *glacier*.

On trouve beaucoup de glaciers dans les Alpes et dans les Pyrénées.

Le glacier, large de plusieurs centaines de mètres, long de plusieurs kilomètres, profond de plusieurs dizaines de mètres, masse énorme placée sur un terrain en pente, descend lentement. Il coule sur les flancs de la montagne, comme le ferait une rivière, mais avec une extrême lenteur. Mais le glacier, tout

Glacier.

en descendant, ne s'allonge pas : sa base, en effet, qui se trouve presque dans la plaine, là où il fait chaud, fond à mesure qu'elle s'abaisse, alimentant les rivières et les fleuves. Et pendant que l'immense masse se ronge peu à peu par la base, elle se renouvelle à la partie supérieure par suite de la chute de la neige.

Les sources. — Les eaux qui tombent en pluie sur les pentes des montagnes, sur les plateaux élevés, sur le sol plus ou moins incliné des vallées, pénètrent en grande partie dans les profondeurs de la terre.

Là, devenues souterraines, elles continuent à des-

cendre le long des pentes, mais avec une grande lenteur, car elles ont à filtrer à travers les terres. Lorsque, dans leur descente, elles rencontrent une fissure
qui leur livre passage, elles apparaissent de nouveau
à l'extérieur : on a une *source*.

Ceci vous explique pourquoi les sources jaillissent

Source jaillissante.

en grande abondance, surtout dans les vallées qui
s'ouvrent à la base des montagnes, ou dans les
plaines, au pied des collines. Jamais vous ne verrez
une source à la partie supérieure d'un plateau.

Vous le voyez donc, ce sont les eaux de pluie qui
alimentent les sources : le débit des sources varie
avec l'abondance des pluies. Après les grandes chutes
d'eau, toutes les fontaines grossissent et débordent.

Cependant les sources subissent d'autant moins
l'influence directe des pluies, que les ruisseaux souterrains qui les alimentent ont un parcours plus
étendu, et que leur provision d'eau est plus considérable. Les sources peuvent même se régulariser et
fournir durant toute l'année un débit moyen ne va-
riant que dans de faibles proportions.

Quelquefois, lorsque le réservoir souterrain d'où vient l'eau est situé beaucoup plus haut que l'endroit d'où sort la source, cette source peut jaillir à une certaine hauteur : on a alors une *source jaillissante*.

D'autres sources, dont les eaux, avant de revenir à la surface de la terre, sont descendues très profondément dans les endroits souterrains où il fait très chaud, fournissent une eau presque bouillante. Ce sont les *eaux thermales*, si souvent employées en médecine. Ces eaux, comme les autres, ont été fournies par les pluies. Elles se sont ensuite enfoncées à une grande profondeur ; dans leur trajet, elles se sont échauffées en même temps qu'elles se sont chargées de substances solubles, puis elles sont revenues vers la surface. Elles sortent alors, souvent très chaudes, et tenant en dissolution des substances très diverses, auxquelles elles doivent leur puissante action sur bien des maladies.

Les rivières. — Chaque source venant d'une nappe d'eau souterraine forme un petit *ruisseau*, qui coule le long des pentes, se réunit aux ruisseaux produits par les sources voisines, et grossit ainsi à mesure qu'il descend. Bientôt le volume de l'eau est assez considérable : on a une *rivière*. Les rivières se réunissent les unes aux autres, comme se sont réunis les ruisseaux, et forment un *fleuve*, dont les eaux se rendent à la *mer*. Ce sont donc encore les eaux de pluie qui forment les rivières et les fleuves. Aux eaux des nappes souterraines viennent aussi se joindre celles que fournit la fonte des neiges et des glaces, toujours abondantes, même pendant l'été, sur les montagnes très élevées.

C'est le relief du sol qui détermine le mouvement de l'eau dans les rivières. Figurez-vous une vallée basse entourée de toutes parts, sauf du côté de la mer, de collines ou de montagnes : toutes les eaux qui tombent sur cette vallée et sur ces collines s'écoulent en sources et en ruisseaux le long des pentes, pour se réunir à la partie inférieure, où elles forment le fleuve qui va à la mer. Cette vallée, et les collines qui la bordent, constituent *le bassin du fleuve*. Regardez une carte de France : vous y verrez figurés les différents bassins, au fond desquels coulent la Seine, la Loire, la Garonne et le Rhône, pour ne parler que des principaux fleuves.

Les fleuves et les rivières ont une bien grande importance pour la prospérité d'un pays : soit par leurs affluents, soit par eux-mêmes, ils portent partout l'eau nécessaire à la fertilité du sol ; leur courant, d'autant plus rapide que la pente est plus forte, est utilisé pour mettre en mouvement des moulins, qui

Moulin sur une rivière.

font marcher mille usines ; ils sont enfin d'admirables routes sur lesquelles s'effectuent des transports de toutes sortes. Des travaux, chaque jour plus nombreux, viennent régulariser leur cours, rendre plus aisée la circulation des bateaux, favoriser l'installation des usines et permettre l'irrigation régulière des prairies voisines. Aussi voyez-vous toujours les villes importantes se bâtir sur le bord des grandes rivières, et les rives des fleuves être le plus souvent d'une admirable fertilité.

En outre, les fleuves accomplissent constamment un grand travail à la surface du sol. Ils entraînent dans leur courant, sous forme de sable ou de limon, des débris arrachés aux portions des continents qu'ils arrosent. Lentement ils enlèvent des terres aux flancs des collines pour venir les déposer dans les plaines, là où le courant est moins fort. Tout le sol de l'Égypte est formé par le limon qu'a déposé le Nil depuis les temps les plus reculés.

Extrait de l'Atlas des Bassins de la France par M. Vuillemin

Carte du delta du Rhône.

A l'embouchure, le fleuve très élargi n'a plus qu'un courant très faible : c'est là surtout que s'arrête le limon. Les *deltas* qui barrent en partie l'embouchure de plusieurs grands fleuves, du Nil et du Rhône, par exemple, sont formés par le limon que déposent les eaux, et leur étendue augmente chaque année.

Les lacs. — Pour que les ruisseaux puissent en se réunissant former les rivières, et les rivières former les fleuves qui se jettent dans la mer, il faut que le bassin soit ouvert du côté de la mer et offre une pente continue, qui conduise les eaux à l'Océan. Mais il se rencontre souvent des dépressions du sol desquelles l'écoulement est impossible : les eaux des pluies, des ruisseaux et même des rivières s'y accumulent alors, pour former des amas d'eau, qui, suivant leur importance, reçoivent le nom de *mares*, *étangs*, *lacs* ou *mers intérieures*.

L'eau monte dans le bassin jusqu'à ce que le trop-plein trouve à se déverser par-dessus l'échancrure la plus basse du pourtour, et, dans ce cas, le lac est l'origine d'une rivière, d'un fleuve considérable. D'autres fois les eaux ne trouvent aucune échancrure par laquelle elles puissent s'écouler : alors le niveau s'élève jusqu'à ce que la nappe, graduellement élargie, offre une assez grande surface pour que l'évaporation fasse équilibre à l'apport des eaux.

Dans les pays plats, la profondeur des lacs est le plus souvent peu considérable; dans les pays de montagnes, comme dans les Alpes, elle est bien plus grande et atteint souvent plusieurs centaines de mètres.

Quant à l'étendue, elle varie depuis les dimensions des plus petites mares, jusqu'à celle de véritables mers intérieures, comme la mer Caspienne.

Les grands lacs sont employés pour la navigation. Quand ils sont dans le voisinage de vallées basses, ils servent à des irrigations qui font la fortune de l'agriculteur.

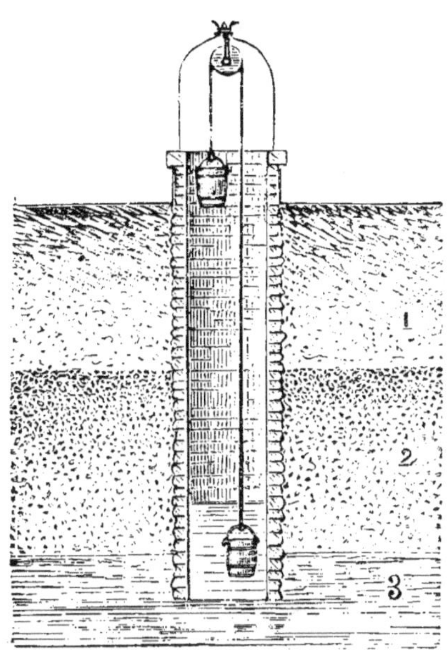

Coupe d'un puits.

Puits artésien de Grenelle.

Les puits. — Il n'y a pas partout des sources. Quand on a besoin d'eau dans un endroit où il n'y a ni source ni rivière, on va en chercher dans les couches profondes du sol. Les ouvertures par lesquelles on rejoint les eaux souterraines s'appellent des *puits*.

Lorsque, après avoir creusé, on a rencontré l'eau, on soutient le puits tout à l'entour par un mur en pierres sans maçonnerie, qui arrête les éboulements sans empêcher le liquide d'arriver. C'est là ce qu'on appelle un puits ordinaire : on en retire l'eau avec des seaux ou avec une pompe.

Mais fréquemment, quand on creuse assez profondément, on donne issue à une source jaillissante, dont les eaux remontent d'elles-mêmes à la surface de la terre, et s'élèvent même à une assez grande hauteur.

On a alors un *puits artésien*, ainsi nommé parce que le premier puits de ce genre fut creusé dans la province française de l'Artois.

On ne donne aux puits artésiens qu'une petite largeur : ce sont des trous cylindriques de quelques décimètres de diamètre, que l'on creuse à l'aide d'outils de diverses formes, adaptés soit à l'extrémité d'une tige de fer, qu'on allonge ou qu'on raccourcit à volonté, soit simplement à l'extrémité d'une corde. Ces puits sont munis, dans toute leur profondeur, d'un revêtement destiné à empêcher les éboulements des parois. Le puits artésien de Grenelle, à Paris, a une profondeur de 546 mètres ; les eaux s'élèvent, dans un tuyau, à une hauteur de 37 mètres au-dessus du sol. La profondeur de ce puits est plus de vingt fois la hauteur d'une maison de cinq étages.

Les canaux. — La nature a creusé le lit des rivières : la main de l'homme a creusé les canaux.

Lac de montagne, point de départ de canaux d'irrigation.

Dans les pays trop plats, où l'eau ne trouve pas à glisser le long des pentes, on creuse de petites *rigoles*, qui reçoivent l'eau du sol, et la conduisent dans des rigoles plus larges, appelées *canaux de desséchement,* d'où on la retire au moyen de pompes puissantes mises en mouvement par le vent ou par la vapeur. C'est ce que l'on fait en Hollande.

Dans d'autres régions, loin d'avoir trop d'eau, on n'en a pas assez pour les besoins de l'agriculture. Dans ce cas, on creuse encore des *canaux.* Ils puisent l'eau dans des lacs élevés ou dans le cours supérieur des rivières, et vont la distribuer dans les campagnes et les prairies, par de petites rigoles. Ce sont *les canaux d'irrigation,* qui, alimentés par les eaux courantes ou par les eaux d'un lac, sont une grande source de richesse pour l'agriculture.

Les canaux qui servent aux transports des marchandises par bateaux ont une importance au moins aussi grande : on les nomme *canaux de communication.*

Les bateaux ne peuvent pas aller aussi rapidement que les chemins de fer ; mais ils dépensent beaucoup moins, et ils seront toujours précieux pour transporter les marchandises lourdes et encombrantes. Mais tous les cours d'eau ne sont pas susceptibles de servir à la navigation. Les uns sont trop rapides et trop peu profonds, les autres exposés à des crues trop fréquentes.

Alors, sur les bords des rivières non navigables, on a creusé des canaux. Pour que les bateaux puissent naviguer sur les canaux aussi facilement dans un sens que dans l'autre, on ne leur donne pas de pente, de sorte qu'il n'y a pas de courant. Comme la rivière va toujours

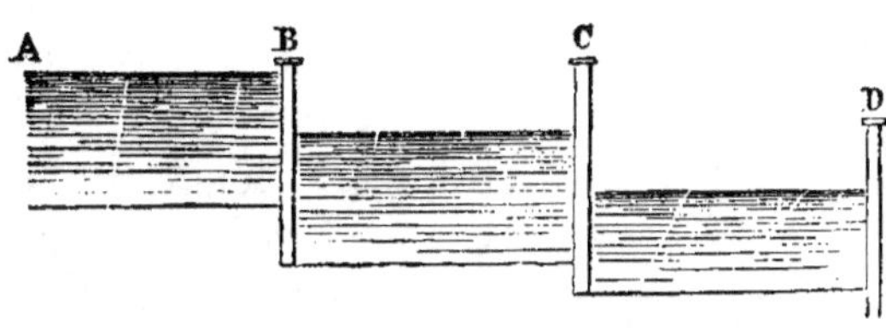

Coupe théorique d'un canal.

en descendant, depuis sa source jusqu'à son embouchure, et que le canal doit toujours la suivre, on le

4.

forme de plusieurs parties, placées les unes à la suite des autres, et dans lesquelles le niveau de l'eau va en s'abaissant. Tandis que la rivière est formée d'un seul ruban, de grande longueur, descendant constamment en pente douce, le canal est composé de diverses parties qui représentent un escalier dont chaque marche est horizontale.

Chacune des marches se nomme un *bief*. L'eau est stagnante et horizontale dans chaque bief, qui a un, deux, trois kilomètres de longueur.

Une écluse.

Pour qu'un semblable canal, formé d'un grand nombre de biefs, puisse servir à la navigation, il faut que les bateaux puissent passer facilement d'un bief à l'autre soit en montant, soit en descendant. Les *écluses* permettent d'effectuer ce passage.

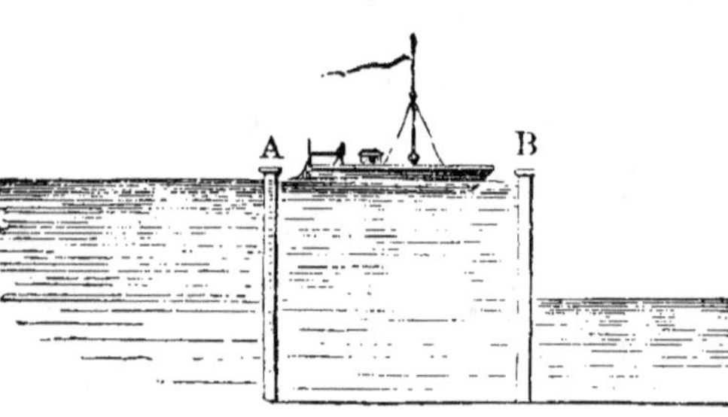

Bateau dans l'écluse, au niveau du bief supérieur.

L'écluse consiste en un bout de canal fermé à chacune de ses extrémités par des portes solides qui peuvent retenir l'eau. Ce bout de canal, situé entre les deux biefs, a exactement la largeur et la longueur d'un bateau ordinaire. Les figures que vous avez sous les yeux vous montrent comment, par la manœuvre des portes, on peut faire monter ou faire descendre un bateau.

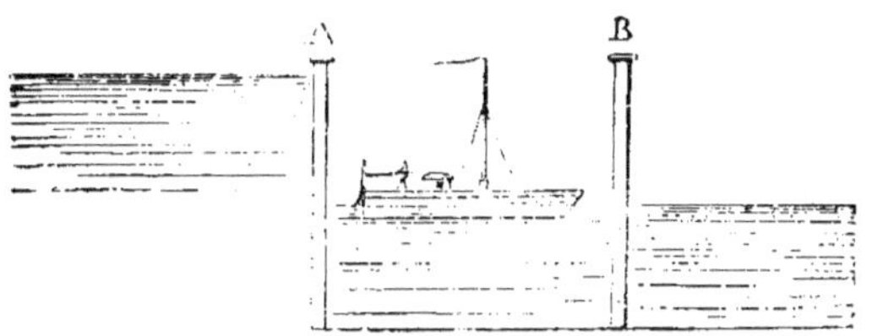

Bateau dans l'écluse, au niveau du bief inférieur.

L'eau dont un canal a besoin pour fonctionner lui est fournie, soit par la rivière voisine, soit, lorsque le canal doit franchir une chaîne de montagnes, par un réservoir placé dans la région la plus élevée que doit franchir ce canal. Ces réservoirs d'alimentation reçoivent et conservent toutes les eaux des sources et des ruisseaux des parties de la montagne qui sont plus élevées que le canal.

Parmi les canaux les plus célèbres se trouve, en France, le *canal du Languedoc*, qui fait communiquer la Garonne, c'est-à-dire l'Océan, avec la Méditerranée. — Vous avez entendu parler aussi du *canal de Suez*, qui a ouvert une voie directe de communication par eau entre la Méditerranée et la mer Rouge. Dans quelques années l'isthme de Panama, qui unit l'Amérique du Nord à l'Amérique du Sud, sera aussi traversé par un canal. L'Océan Pacifique communiquera librement avec la mer des Antilles.

L'eau de la mer et le sel marin. — Les mers constituent le grand réservoir des eaux du monde. Toutes les eaux des pluies, toutes les eaux des rivières, viennent de l'Océan et y retournent.

Les mers couvrent les *trois quarts* de la surface de notre globe. Et la profondeur de la mer est aussi étonnante que son étendue : la Méditerranée a, en certains endroits, plus de 4 kilomètres de profondeur, et l'Océan Pacifique plus de 8 kilomètres.

L'eau de la mer contient toujours en suspension du limon, des débris innombrables d'animaux et de plantes. En outre, elle renferme beaucoup plus de substances en dissolution que les eaux des sources, ce qui lui donne un goût salé très prononcé. Essayez de boire de l'eau de mer : vous verrez combien elle est mauvaise.

Dans mille grammes d'eau de mer, il y a à peu près 35 grammes de substances étrangères. La plus abondante de toutes ces substances est le *sel de cuisine* ou sel marin : il y en a à peu près 25 grammes par litre d'eau de mer.

Si vous vous faites une idée de la prodigieuse masse des eaux marines, vous comprendrez que nous puissions user du sel sans crainte d'en épuiser la provision.

Et cela est fort heureux, car le sel nous est indispensable, et tous les peuples salent leurs aliments. On donne aussi du sel aux bestiaux, et l'industrie en emploie de grandes quantités pour conserver les viandes et préparer les substances nécessaires à la fabrication du verre et du savon.

Pour l'alimentation seulement, on consomme en France, chaque année, plus de 10 kilogrammes de sel par personne.

Vous connaissez bien le sel marin. Il est tantôt en petits cristaux cubiques gris, tantôt en une poudre très blanche.

Je mets un peu de sel dans un verre d'eau. Il disparaît bientôt : on dit qu'il est entré en *dissolution* dans l'eau. Mais si le sel n'est plus visible, il indique sa présence par la saveur salée qu'il a communiquée au liquide. Il ne faudrait pas croire cependant qu'on puisse faire dissoudre dans l'eau autant de sel que l'on veut. Trente-sept grammes au plus peuvent se dissoudre dans cent grammes d'eau ; si vous en mettiez davantage, le surplus resterait au fond du vase. Dans les usages domestiques on en met toujours beaucoup moins.

Prenez maintenant de l'eau salée, remplissez-en une assiette et exposez-la pendant deux ou trois jours aux rayons du soleil.

L'eau s'évaporera peu à peu, et bientôt l'assiette sera complètement à sec, avec une mince couche de sel au fond. On fait la même opération en grand sur les bords de la mer, dans de vastes bassins peu profonds appelés *marais salants*.

Chauffée par les rayons du soleil, soumise à l'action

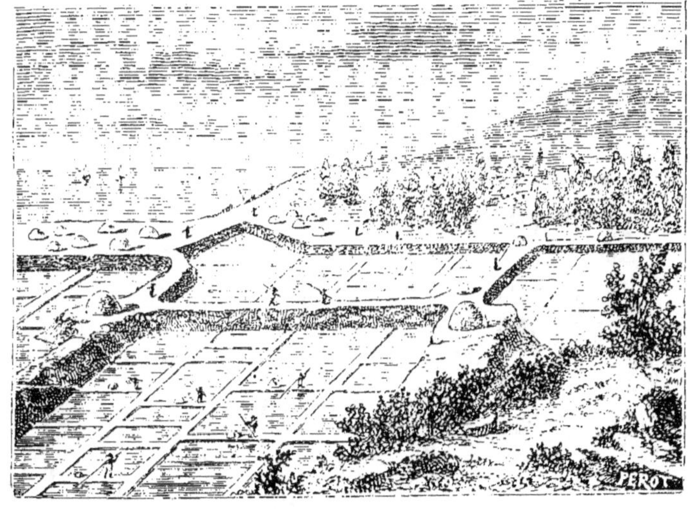

Marais salants.

desséchante du vent, l'eau de la mer s'évapore peu à peu et laisse le sel se déposer. De nombreux bassins d'évaporation couvrent des étendues immenses sur les bords de la mer.

L'exploitation dure seulement pendant l'été.

IV. — L'AIR.

(Le vent; les orages; les aérostats.)

Le vent; sa vitesse et ses effets. — Le vent, vous le savez, est un mouvement de l'air. Quand vous appuyez sur les manches d'un soufflet, l'air sort rapidement par la buse: il est assez fort pour éteindre une bougie,

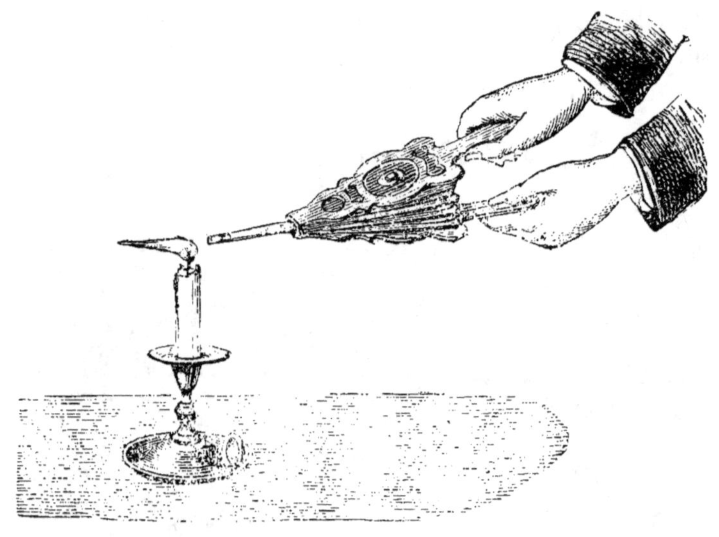

Soufflet éteignant une bougie.

soulever la poussière, envoyer au loin les petits morceaux de papier qui se trouvent sur son passage. Le vent, avec un souffle beaucoup plus fort, peut produire les mêmes effets, mais en grand.

C'est que la quantité d'air mis en mouvement, quand le vent souffle, est considérable, et que sa vitesse est grande. Et le choc du vent peut être violent dans ces circonstances.

On dit d'un bon cheval qu'il va comme le vent; on n'a pas tort. La plus faible brise s'avance déjà avec autant de rapidité qu'un cheval au trot; mais les vents violents vont beaucoup plus vite. Pendant les tempêtes les plus ordinaires, ils font de 18 et 20 lieues à l'heure, et dans les grands ouragans leur vitesse atteint 45 lieues à l'heure, c'est-à-dire trois fois celle de nos trains les plus rapides. Alors le vent, dans sa furie, renverse les édifices et déracine les arbres; il abat les murailles et emporte les hommes.

Combien de navires sont tous les ans démontés par

Tempête en mer.

la tempête et renversés dans les flots furieux, où ils disparaissent à jamais!

Quelquefois les courants d'air peuvent charrier et emporter bien loin de la poussière et des sables : les cendres du Vésuve ont été transportées à Venise et jusqu'en Grèce. Dans les déserts, des caravanes sont fréquemment ensevelies par les sables que soulève le vent.

Les avalanches de neige, si redoutables dans les pays de montagne, sont bien souvent causées par la violence du vent. Les tempêtes de l'hiver charrient d'énormes masses de neige, qu'elles répandent dans les vallées voisines.

La cause du vent. — Tâchons maintenant de comprendre la cause du vent.

En hiver, quand il fait très froid au dehors, entrez dans une pièce bien chauffée et examinez ce qui s'y passe. Vous prendrez à la main une bougie allumée.

Mettez d'abord la bougie devant le feu, tout près du manteau de la cheminée. Que voyez-vous ? La flamme s'incline, elle va du côté du feu. C'est qu'il y a du vent à cet endroit, et vous pourriez dire de vous-mêmes d'où il provient. L'air s'est échauffé au feu, il est devenu plus léger, et il est monté dans la cheminée avec la fumée. Mais alors il s'est fait un vide dans la cheminée, et l'air de la chambre a été aspiré, pour venir prendre la place de l'air qui s'est élevé. C'est ce qu'on appelle le *tirage* de la cheminée.

Bougie devant une cheminée.

Eh bien, il en est toujours ainsi : *toutes les fois* que l'air est échauffé en un endroit, il s'élève et appelle pour le remplacer l'air des parties voisines.

Ainsi le vent souffle constamment dans votre chambre ; il va du côté de la cheminée et entraîne l'air de l'appartement. Par contre, l'air du dehors rentre pour combler le vide ; cherchez avec votre bougie par où s'effectue cette rentrée.

Approchez la flamme de la porte, qui n'est pas bien jointe : vous voyez cette flamme s'incliner ; à mesure que l'air sort par la cheminée, il rentre donc par tous les interstices des portes et des fenêtres.

Les vents qui se font sentir à la surface de la terre sont produits de la même manière. Chaque fois que le soleil échauffe un point du globe, l'air s'élève et est remplacé par l'air des régions voisines, qui arrive en produisant du vent. Ainsi, voyez ce qui se passe sur le bord de la mer. Le matin, le soleil se lève et il échauffe le sol : sur la plage, il fait de plus en plus chaud à mesure que le soleil s'élève à l'horizon ; l'air monte alors, et il aspire celui de la mer. Voilà pourquoi sur les bords de la mer on a chaque jour un vent venant du large : on le nomme *brise de mer*, et certainement beaucoup d'entre vous le connaissent.

Utilité des vents. — Si le vent est parfois terrible, il nous rend bien plus souvent les plus grands services.

Vous savez que l'eau de la mer se volatilise constamment. S'il n'y avait pas de vent, la vapeur produite resterait au-dessus de la mer, et se réduirait en pluie au-dessus même de l'Océan. Sur les continents, il n'y aurait jamais de vapeur, et par conséquent jamais de pluie. Les lacs et les rivières se dessécheraient ; les sources tariraient ; les plantes et les animaux ne tarderaient pas à périr.

Au lieu de cela, qu'arrive-t-il? Le vent entraîne la vapeur d'eau qui se forme sur la mer, la transporte sur les continents, où elle tombe en pluie. Comme on l'a dit fort justement, le vent est le *porteur d'eau* qui mène la pluie partout où elle

Enfants avec leurs cerfs-volants.

doit arroser la terre et entretenir la vie des plantes et des animaux.

C'est là le grand rôle du vent, ne l'oubliez pas. Ne séparez jamais les pluies du vent dans votre pensée.

Le nuage, c'est l'arrosoir plein d'une pluie bienfaisante ; le vent c'est le jardinier laborieux : il va puiser de l'eau à l'équateur et porte son arrosoir au milieu des contrées qui ont besoin d'humidité.

Les hommes ont aussi essayé d'employer directement la force du vent. Les Chinois s'aident du vent pour traîner leurs brouettes ; dans les pays froids, le vent pousse les traîneaux sur la glace. Le vent soulève dans l'air les cerfs-volants des enfants.

Un moulin à vent.

Les moulins à vent emploient la force du vent pour moudre le blé.

Mais c'est surtout dans la navigation que la force du vent est utilisée. Pour que le navire puisse recevoir l'action du vent, on le surmonte d'un grand appareil de mâts et de cordages, destiné à porter des voiles, sur lesquelles le vent doit exercer sa pression. Les voiles sont de grandes surfaces de toile, qui peuvent se développer et se replier à volonté, et auxquelles on peut donner des directions différentes suivant les besoins.

Les navires à voiles étaient les seuls en usage il y a soixante-dix ans. Mais depuis cette époque, la vapeur a été employée à pousser nos vaisseaux sur les flots : c'est ainsi que l'homme se rend peu à peu maître des éléments et remplace un capricieux ser-

Navire à voiles flottant sur la mer.

viteur, comme le vent, par un autre plus fidèle, la vapeur, toujours prête à obéir à ses ordres.

Les orages et ce qui les produit. — Souvent en été la
pluie est accompagnée du bruit du tonnerre, et les
nuées sont sillonnées d'éclairs brillants : c'est un
orage. Il nous faudrait essayer de comprendre quelle
est la cause de tout ce bruit et de tant de lueurs
éblouissantes.

Quelques-uns d'entre vous possèdent un porte-
plume en caoutchouc
durci, ou un bâton de cire
à cacheter. Nous allons
nous en servir pour une
expérience.

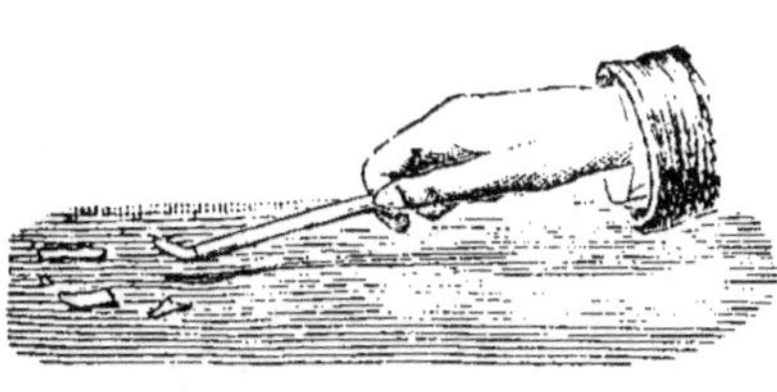

Porte-plume électrisé par le frottement.

Frottez-le très vive-
ment contre un morceau
de drap, et approchez-le
aussitôt de quelques petits morceaux de papier placés

sur la table. Vous voyez ces morceaux de papier sau-
ter sur votre porte-plume.

Les savants disent que le porte-plume est *électrisé*. Ils disent que le porte-plume, quand on l'a
frotté, s'est *chargé d'électricité*, et que cette électricité a le pouvoir d'attirer les petits morceaux de
papier.

Recommencez maintenant à frotter, puis approchez
tout doucement votre porte-plume de votre oreille :
vous entendrez un petit bruit sec ; en même temps, si
vous opérez dans une obscurité profonde, votre voisin
verra une légère lueur, une *étincelle*. C'est l'électricité qui, en traversant l'air, a produit ce bruit et
cette étincelle.

Les savants possèdent, dans leurs laboratoires, des
machines plus puissantes que votre simple porte-
plume ; ils obtiennent des étincel-
les longues comme le bras, éclatant avec autant de bruit qu'une cap-
sule. Ces *étincelles électriques* peuvent enflammer
la poudre,
fondre des

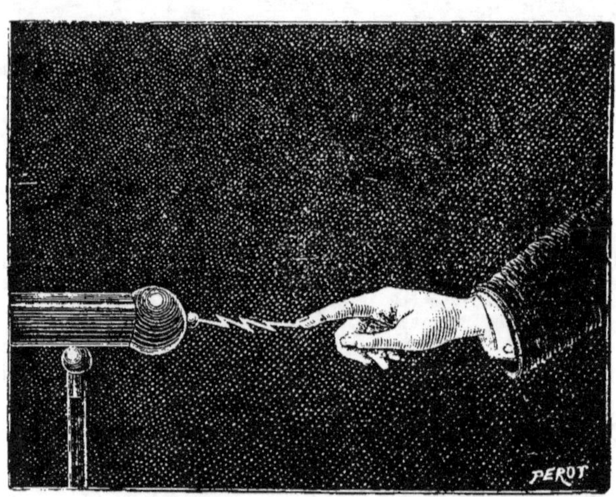

Les savants possèdent des machines qui donnent de grandes
étincelles électriques.

fils de fer, percer des carreaux de vitre, tuer des oiseaux et des lapins, produire enfin, en petit, tous les
effets du tonnerre.

Depuis deux cents ans seulement les savants connaissent ces *machines électriques* qui produisent de

si curieux effets. C'est depuis cette époque qu'ils ont remarqué que l'étincelle électrique ressemble beaucoup aux éclairs des orages, et ses effets à ceux de la foudre.

Un grand savant américain, Franklin, montra, en effet, en 1752. que les orages sont réellement produits par l'électricité. Pour aller chercher la foudre dans les nuages, un jour que le temps était orageux, Franklin lança dans les airs un cerf-volant armé d'une pointe de fer. A peine l'appareil est-il arrivé près des nuages, que les

Expériences de Franklin.

étincelles partent de la corde. faisant éprouver à Franklin, qui les reçoit, de fortes commotions, qui auraient pu le tuer.

L'éclair, le bruit du tonnerre, et les effets de la foudre. — *L'éclair*, c'est l'étincelle jaillissant entre deux nuages. La quantité d'électricité rassemblée dans les nuages en temps d'orage est si grande, qu'on a vu souvent des éclairs de plusieurs kilomètres de longueur. La lueur de l'éclair dure un temps extrêmement court. à peine la *millionième partie d'une seconde.*

Le tonnerre est le bruit produit par l'éclair. Vous vous demandez peut-être pourquoi on entend le tonnerre longtemps après avoir vu l'éclair. Vous allez le comprendre.

Vous est-il arrivé, étant sur une colline, de regar-

der un chasseur dans la plaine? Il met son fusil à
l'épaule, il tire : vous voyez la fumée sortir du canon,
et, un instant après, vous entendez la détonation.
C'est que le son met un certain temps pour parvenir
jusqu'à votre oreille : il ne parcourt que 340 mètres
par seconde. Si vous êtes à un kilomètre du chasseur,
vous attendrez trois secondes avant d'entendre la détonation de son arme.

Les nuages entre lesquels a jailli l'éclair sont sou-

L'orage.

vent à une grande distance : le bruit du tonnerre
met longtemps à nous parvenir.

Quand le nuage orageux s'approche assez de la
terre, l'électricité le quitte brusquement pour venir
vers nous; l'étincelle gigantesque part entre le nuage
et la terre. On dit que la *foudre est tombée*. C'est
alors qu'elle produit de redoutables effets.

Les arbres sont tordus et renversés, les murs trans-
portés à une grande distance ou percés de part en

part, les maisons écroulées en partie. Les fils métalliques sont rougis, fondus ou volatilisés, les matières combustibles s'enflamment, les incendies s'allument. Les hommes et les animaux frappés sont terrassés,

Un arbre et un homme foudroyés.

le plus souvent tués : on a vu un seul coup de foudre faire 124 victimes.

La *grêle*, qui accompagne souvent les orages, fait encore beaucoup plus de mal que la foudre : car il arrive parfois qu'elle hache si bien les récoltes, qu'il ne reste absolument plus rien à recueillir dans les endroits où elle a passé. Heureusement, la grêle tombe toujours sur une bande de terrain assez étroite et rarement bien longue.

Le paratonnerre et les précautions contre la foudre. — Lorsqu'on dirige un corps terminé en pointe vers une machine bien chargée d'électricité, cette pointe lui soutire, pour ainsi dire, sa charge, et bientôt la machine n'est plus électrisée.

Cette remarque a suggéré à Franklin l'idée de diriger vers le ciel des barres de fer pointues pour soutirer l'électricité des nuages. Et, en effet, l'expérience a montré que lorsqu'on dresse en l'air une longue barre de fer terminée par une pointe, on peut, chaque fois qu'il passe un nuage orageux, tirer de grandes étincelles de cette barre. Ces étincelles sont même très redoutables. Mais on évite tout accident en mettant la tige de fer en parfaite communication avec la terre au moyen d'une barre métallique : et l'électricité, ainsi soutirée aux nuages orageux, va se perdre dans le sol sans causer de dégâts.

Un *paratonnerre* doit donc se composer d'une tige de fer terminée en pointe et bien exactement mise en communication avec le sol au moyen d'une longue chaine. Il doit être placé sur le point le plus haut de la maison, pour qu'il la protège d'une manière plus efficace.

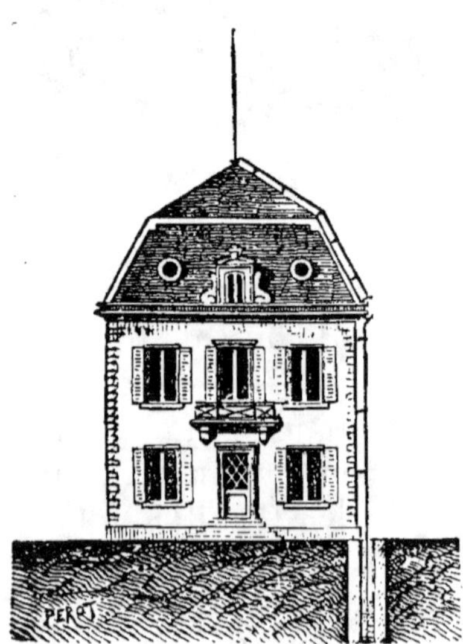

Le paratonnerre garantit les maisons de la foudre.

Quand un paratonnerre est bien installé, il préserve la maison des dégats de la foudre. Lorsque la maison est grande, il faut, pour obtenir une sécurité plus complète, y installer plusieurs paratonnerres à une certaine distance.

Il est bon aussi de savoir quelles précautions on doit prendre contre la foudre quand la maison n'a pas de paratonnerre, ou qu'on se trouve hors d'une maison. Vous entendez bien des gens vous indiquer toutes sortes de remèdes contre le tonnerre; soyez assurés que tous ces remèdes ne valent rien. On vous dira qu'on fait fuir l'orage en allumant de grands feux, en tirant en l'air des coups de canon, ou en sonnant les cloches ; rien de cela n'est exact. On vous recommandera aussi d'éviter les courants d'air, de ne pas courir quand il tonne. Ce sont encore des précautions inutiles.

Mais, vous le savez, le tonnerre tombe de préférence sur les objets élevés et sur les masses métalliques. Si vous êtes dans une maison, vous devez donc éviter de vous placer pendant l'orage à côté d'une barre de fer, à côté d'un poêle de fonte ou d'une colonne métallique.

Si vous êtes au dehors, vous ne resterez pas sur une colline, mais vous descendrez dans la plaine ; vous ne vous placerez pas à l'abri sous un arbre, ni sous une tour isolée ; il vaudra mieux recevoir l'averse sur le dos que de vous réfugier sous ces dangereux abris.

Les aérostats. — Pour faire un pas de plus dans l'étude des phénomènes de l'air, parlons des *aérostats*.

Grâce au mouvement de leurs ailes, les oiseaux peuvent s'élever dans les airs, s'y diriger et se transporter rapidement à de grandes distances. De tout temps, les hommes ont tenté de faire comme les oiseaux, mais sans succès. Ils ont voulu se fabriquer des ailes semblables à celles des oiseaux ; mais ils n'avaient pas assez de force pour les mouvoir avec la rapidité et la puissance nécessaires.

Il y a un autre moyen de s'élever dans les airs, et ce moyen-là, nous savons l'employer depuis un siècle.

Prenez un bouchon, enfoncez-le dans un seau plein d'eau, en le tenant bien serré, et lâchez-le lorsqu'il est au fond. Il monte rapidement jusqu'à la surface de l'eau, *parce qu'il est plus léger que l'eau*. Prenez maintenant une pierre, et recommencez l'opération.

5.

La pierre ne remonte pas, *parce qu'elle est plus lourde que l'eau.*

Si nous trouvions un corps plus léger que l'air, il s'élèverait dans l'air, comme un bouchon s'élève dans l'eau; il s'élèverait tout seul, sans choc. Plus léger que l'air? allez-vous me dire; l'air est donc lourd? — Sans doute. Les savants ont trouvé qu'un litre d'air, de cet air que vous respirez à la surface du sol, pèse un gramme et trois décigrammes. De telle sorte que votre classe, qui a dix mètres en longueur, six mètres en largeur et quatre mètres en hauteur, renferme à peu près 300 kilogrammes d'air, le poids de dix d'entre vous.

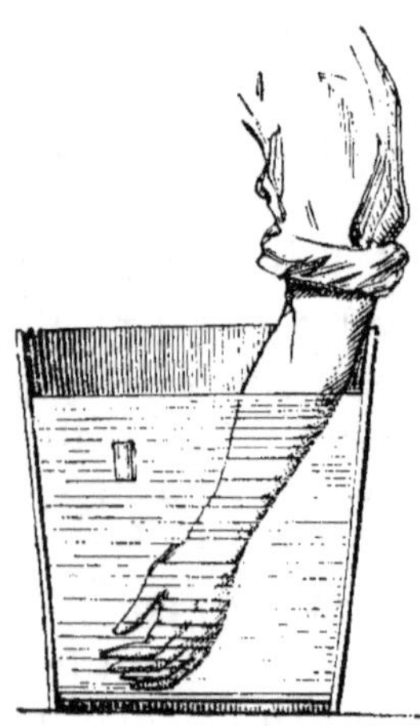

Bouchon de liège remontant dans l'eau.

L'air est donc assez lourd, et il ne manque pas de corps plus légers que l'air. La fumée est moins lourde que l'air, et c'est pour cela qu'elle s'élève. L'air chaud est plus léger que l'air froid : il s'élève aussi. Le gaz d'éclairage est également plus léger que l'air. Il existe un autre gaz, nommé l'*hydrogène*, qui est encore bien plus léger, puisqu'il pèse quatorze fois moins que l'air.

Les petits ballons rouges des enfants sont pleins de cet hydrogène; grâce à sa légèreté, le gaz s'élève dans l'air, malgré le poids de l'étoffe du ballon.

Enfant tenant un petit ballon captif.

Ce que vous venez de comprendre par ces explications fut nettement saisi pour la première fois par deux fabricants de papier, les frères Joseph et Étienne Montgolfier, qui habitaient Annonay, dans le département de l'Ardèche.

Ils construisirent un grand ballon en toile et le recouvrirent de papier. A sa partie inférieure, le ballon avait une large ouverture : on alluma de la paille par-dessous ; l'air chaud et la fumée entrèrent dans le ballon, qui s'éleva majestueusement dans les airs, le 5 juin 1783.

Montgolfière de Pilâtre de Rozier.

La nouvelle de la merveilleuse invention ne tarda pas à se répandre dans toute la France, et chacun voulut répéter l'expérience.

Les inventeurs furent complimentés de tout le monde et comblés d'honneurs. On se cotisa pour leur offrir une médaille d'or. On donna leur nom à l'appareil, qui s'appela dès lors *montgolfière*.

Les hommes en ballon. — Un mois après la première expérience publique, deux hommes courageux, Pilâtre de Rozier et le marquis d'Arlandes, s'élevèrent en l'air, en prenant place dans une grande corbeille fixée au ballon. Dès l'année suivante, des aéronautes de profession se mirent à courir le monde, exposant chaque jour leur vie dans l'espérance de faire fortune : car les accidents ne sont pas rares dans les ascensions des ballons. Par une triste fatalité, la première victime devait être précisément cet intrépide Pilâtre de Rozier, qui le premier avait suivi les oiseaux dans leur route.

Aussitôt après ces mémorables expériences, beaucoup de savants, et bien plus d'ignorants encore, se mirent en tête de trouver le moyen de diriger les ballons et de les faire aller au gré de leurs désirs. Jusqu'à ces dernières années, toutes ces recherches ont été vaines. Maintenant, comme autrefois, le vent

Gonflement d'un ballon avec le gaz d'éclairage.

emporte l'aérostat, et nous ne pouvons pas l'en empêcher. Et c'est pour cela que la découverte des aérostats n'a en rien changé le sort des hommes, ni leur manière de vivre : c'est une découverte curieuse, mais qui n'a encore été que bien rarement utile.

Pour la première fois, le 9 août 1884, les capitaines français Krebs et Renard, au moyen d'un mécanisme ingénieux, sont parvenus à diriger un ballon à leur gré, le faisant aller, à leur volonté, à droite et à gauche, en avant et en arrière. Leur découverte est susceptible d'être utilisée en temps de guerre.

Déjà, du reste, les aérostats ont rendu quelques services. En 1794, alors que la France était envahie par l'étranger, le Comité de Salut public organisa des compagnies de soldats aérostiers. Le 26 mai 1794, ces compagnies fonctionnèrent à la bataille de Fleurus. Pendant que des soldats maintenaient le ballon avec des cordes pour l'empêcher d'être entraîné par le vent, des officiers montés dans la nacelle observaient les mouvements de l'ennemi.

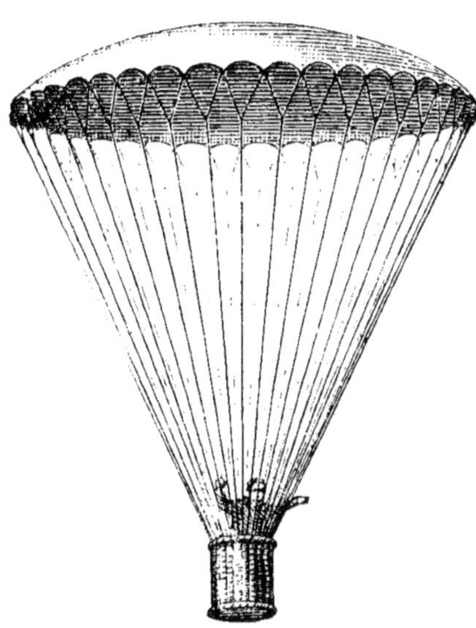
Aéronaute descendant en parachute.

En 1870, les aérostats ont été d'un grand secours pour la ville de Paris assiégée. Cinquante-quatre ballons partirent pendant l'espace de quatre mois; ils emportaient les ordres et les nouvelles du Gouvernement, et en même temps deux millions et demi de lettres écrites par les assiégés à leurs parents et amis. Quelques-uns tombèrent en pays ennemi ou allèrent se perdre dans l'Océan; mais le plus grand nombre arriva à destination.

Les ballons ont aussi rendu des services à la science. Les savants ont fait de nombreuses ascensions pour étudier de plus près ce qui se passe dans les hautes régions, au-dessus des nuages. Ce sont eux qui se sont élevés le plus haut.

En 1804, Gay-Lussac est monté à sept kilomètres. A cette hauteur prodigieuse, il faisait très froid, la respiration devenait très difficile.

En 1862, deux Anglais, Coxvell et Glaisher, montèrent encore beaucoup plus haut, à dix kilomètres et demi, deux kilomètres au-dessus des plus hautes montagnes du globe. Mais, dans ces régions, l'air est si rare qu'il manque à la respiration, et les explorateurs faillirent être victimes de leur audace.

La nacelle d'un grand ballon avec les aéronautes.

Hélas! quelques années plus tard, d'autres devaient être moins heureux. Trois courageux savants, Sivel, Crocé-Spinelli et Gaston Tissandier, résolurent d'aller plus haut que Coxvell et Glaisher. C'était en 1875. Ils partirent; mais, arrivés à une hauteur de neuf kilomètres, ils perdirent tous les trois la respiration et le sentiment de l'existence. Quand Gaston Tissandier revint à lui, ses deux compagnons étaient étendus sans vie au fond de la nacelle.

Retenez les noms de ces deux victimes de la science, et placez-les dans votre mémoire à côté de ceux de tant d'hommes héroïques dont on vous fera connaître les services, et qui ont donné leur vie pour la science et pour l'humanité. Quand vous serez plus grands, vous pourrez comparer leur gloire avec celle des conquérants, et vous verrez de quel côté penche la balance.

DEUXIÈME PARTIE

LES ANIMAUX

I. — L'HOMME.

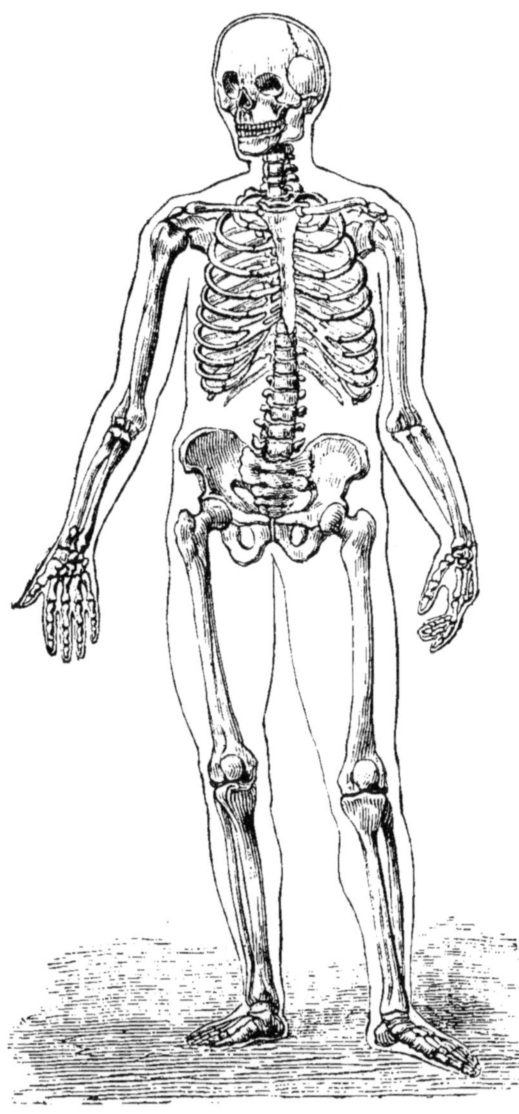

La forme extérieure et le squelette de l'homme

L'homme est supérieur aux animaux. — L'*intelligence* de l'homme est beaucoup plus développée que celle des animaux. De plus, seul parmi tous les êtres vivants, il a le pouvoir d'exprimer ses pensées au moyen de la *parole*. Seul, enfin, il sait distinguer le *bien* du *mal*, et régler ses actions suivant sa conscience.

Mais si l'on considère seulement le corps, on voit que celui de l'homme ressemble beaucoup à celui des animaux les plus parfaits.

Comparez, par

exemple, le corps de l'homme à celui du cheval. A
l'extérieur, la forme n'est pas la même : le cheval

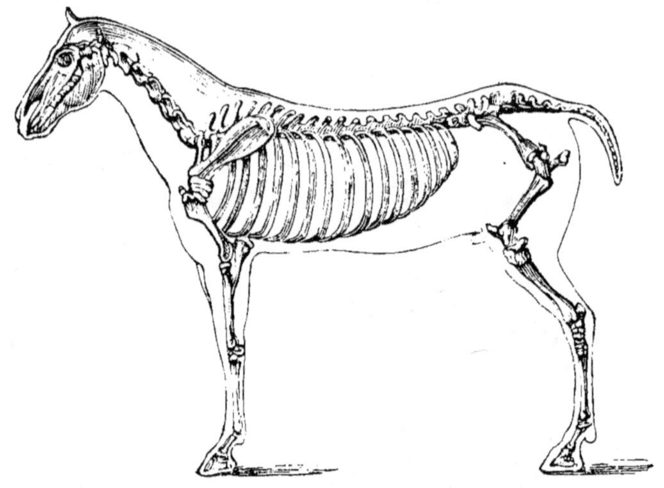

La forme extérieure et le squelette du cheval.

marche à quatre pattes, l'homme possède deux pieds
et deux mains; le cheval a la peau couverte partout
de poils, l'homme a la peau presque nue ; le cheval
a une queue, l'homme n'en a pas.

Mais si vous y regardez de plus près, vous voyez
que le cheval, comme l'homme, a des oreilles pour
entendre, des yeux pour voir, un nez pour sentir les
odeurs. A l'intérieur, la ressemblance est plus grande
encore : le cheval a les mêmes *organes* que l'homme.

Chaque partie du corps a son utilité. — Le corps de tout
être vivant, et particulièrement le corps de l'homme,
est un ensemble très complexe d'un grand nombre de
parties ou *organes*, ayant chacune son utilité.

Les *jambes* et les *pieds* supportent le poids du
corps et lui permettent de se transporter d'un endroit
à un autre; avec les *bras* et les *mains* nous touchons
les objets, nous les saisissons, nous les soulevons; les
yeux nous permettent de voir, les *oreilles* d'entendre;

le *nez* nous renseigne sur les odeurs; la *langue* nous indique la saveur des aliments. La *peau*, dont nous sommes entièrement recouverts, sert d'enveloppe protectrice aux parties intérieures; la tête, plus particulièrement sensible, est, en outre, garantie par une épaisse couche de cheveux.

Au dedans de nous sont des organes plus nombreux et plus indispensables encore à la vie. Les *os*, semblables à une charpente solidement établie, soutiennent les parties molles du corps; les *muscles*, qu'on désigne vulgairement sous le nom de chair ou de viande, déterminent nos mouvements; les *nerfs* donnent à chaque partie du corps la faculté de se mouvoir et de ressentir la douleur. Enfin, l'*estomac*, les *intestins*, les *poumons*, le *cœur*, les *artères*, les *veines*, le *sang*, sont des organes qui contribuent à nourrir le corps et à le faire vivre.

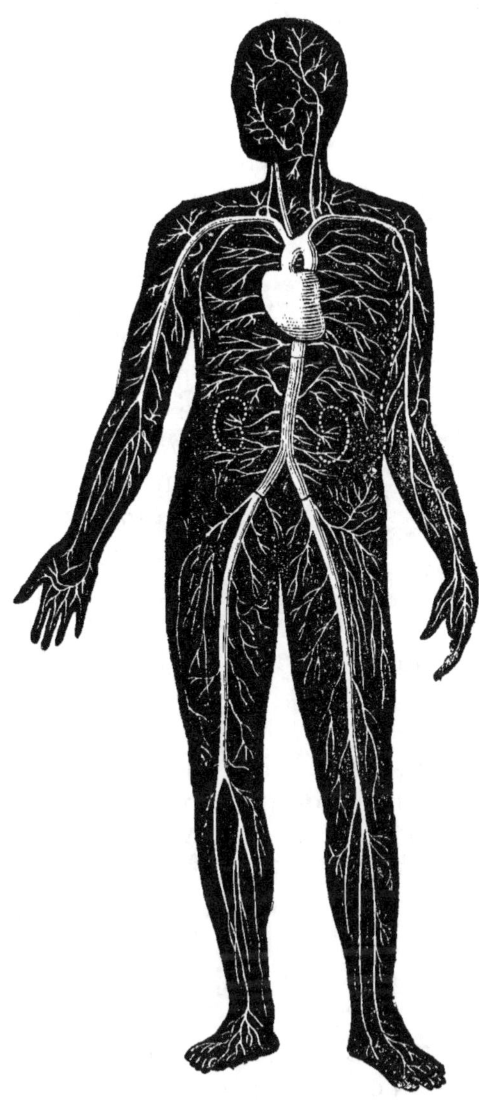

La circulation du sang. — Le sang part du *cœur*, va dans toutes les parties du corps par les *artères* et revient au cœur par les *veines*.

Vous savez, par exemple, qu'un homme ne peut vivre sans manger. Les aliments, broyés par les *dents*, descendent dans l'estomac, puis dans les *intestins*. Là, ils sont *digérés*, c'est-à-dire qu'ils passent dans le *sang* et deviennent propres à entretenir la vie du corps.

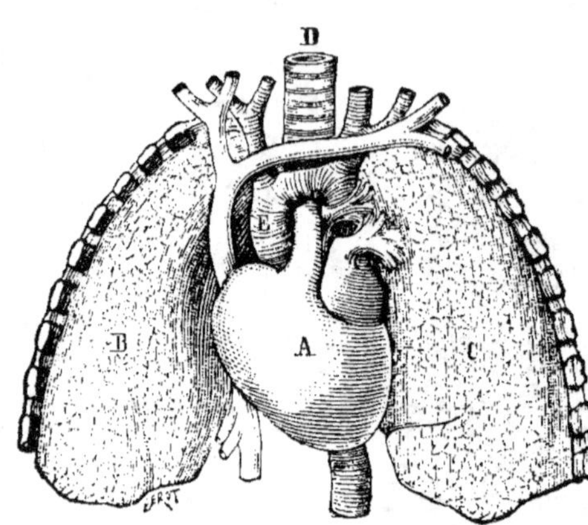
Les deux poumons de l'homme, entourant le cœur.

Vous savez aussi qu'on ne peut vivre sans respirer. L'air entre par la bouche, puis se rend dans les *poumons*, d'où il ressortira bientôt. Ce passage de l'air dans les poumons a pour but de purifier le sang. Quand la respiration est suspendue, la mort ne tarde pas à survenir.

Les aliments et les boissons. — La locomotive qui remorque le train deviendrait bientôt immobile si l'on cessait de mettre du charbon dans le foyer : de même, l'homme et les animaux ne sauraient vivre et se mouvoir sans manger.

La locomotive puise sa force dans le charbon qui brûle dans ses flancs, les animaux puisent la leur dans les *aliments*.

Les aliments font plus encore. Les machines fabriquées par l'homme s'usent et se détériorent par l'usage qu'on en fait. Notre corps, au contraire, se fortifie d'autant plus qu'il travaille davantage, pourvu qu'on lui accorde chaque jour le repos nécessaire. C'est que les aliments ne se contentent pas de faire marcher la machine, ils l'entretiennent et la réparent à mesure qu'elle s'use.

Pour se nourrir, l'homme doit manger et boire. La *faim* et la *soif* nous annoncent chaque jour le besoin que nous avons de manger et de boire.

La locomotive consomme d'autant plus de charbon qu'elle traine derrière elle des wagons plus nombreux, et qu'elle les mène plus rapidement : de même, nous avons d'autant plus besoin de manger et de boire que nous prenons plus d'exercice, que nous travaillons davantage.

Les enfants qui jouent de bon cœur, les hommes qui travaillent avec courage, ont meilleur *appétit* que les enfants taciturnes et les hommes paresseux : ils mangent davantage et *digèrent* mieux. Leur santé est presque toujours bonne.

Il ne faut cependant ni trop manger ni trop boire. La *gourmandise* et l'*ivrognerie* portent souvent les enfants et les hommes à commettre de vilaines actions.

De plus, ceux qui mangent et boivent sans modération ne tardent pas à être visités par la maladie.

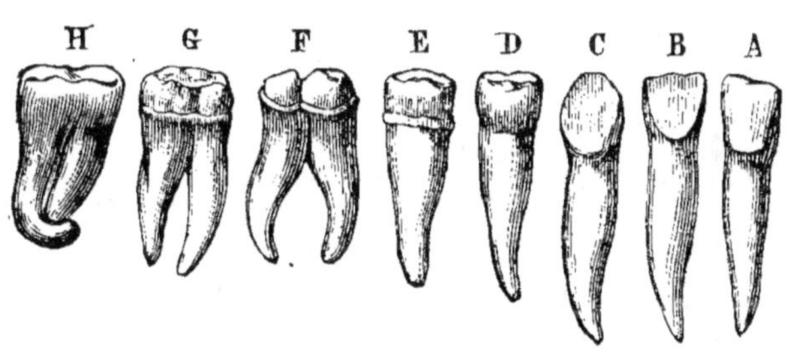

Les huit dents de droite de la mâchoire supérieure de l'homme.
A, B, incisives ; C, canine ; D, E, F, G, H, molaires.

Tous les animaux, du reste, ne peuvent pas faire usage des mêmes aliments. Les dents du bœuf, qui sont plates, ne lui permettent pas de broyer la viande ; son estomac, non plus, n'est pas propre à la digérer. Le chat, dont les dents sont aiguës, ne peut couper l'herbe, qui, du reste, ne soutiendrait pas ses forces.

Ce n'est donc pas seulement par goût, mais bien par nécessité, que chaque animal prend une nourriture spéciale. Le bœuf, le cheval, le mouton..., se nourrissent d'herbe : ils sont *herbivores*. Le chat, le chien, le loup..., se nourrissent presque exclusivement de viande : ils sont *carnivores*. C'est en forçant sa nature que nous avons amené le chien à se nourrir de soupe.

Les dents de l'homme sont moins plates que celles du bœuf, moins aiguës que celles du chat : aussi l'homme peut-il se permettre une nourriture très variée : il est *omnivore*, c'est-à-dire qu'il mange de tout.

L'homme emprunte ses aliments aux végétaux et aux animaux. Les végétaux lui fournissent d'abord le *pain*, puis les *légumes*, les *fruits*, les *graines*, le *sucre*. Aux animaux il demande la *viande*, les *œufs*, le *lait*, la *graisse*.

Tandis que les animaux consomment leurs aliments tels que la nature les leur fournit, l'homme sait les soumettre à la cuisson et à diverses préparations qui en rendent souvent la digestion plus facile. Il sait aussi les conserver pendant longtemps de façon à les utiliser au fur et à mesure de ses besoins.

Il ne suffit pas à l'homme de manger, il faut encore qu'il boive. L'*eau* est la plus importante de toutes les boissons : c'est la seule qui nous soit réellement indispensable. Toutes les autres, vin, cidre, bière, café..., sont en même temps des aliments : car elles nous donnent à boire par l'eau qu'elles renferment, et aussi un peu à manger par les diverses substances qui entrent dans leur composition.

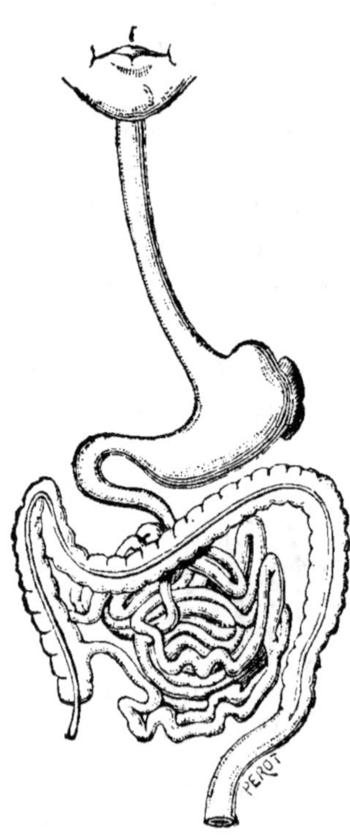

L'estomac et les intestins
de l'homme.

La respiration. — Vous savez tous qu'aucun corps ne peut brûler sans le secours de l'air. Que de fois, en voyant s'éteindre le feu d'un poêle, dont la porte était hermétiquement close, que de fois avez-vous dit : « Il n'y a pas assez d'air. »

Il ne suffit même pas qu'il y ait de l'air pour que la combustion se produise ; il faut encore que l'air soit renouvelé. Quand une combustion a lieu dans un espace renfermé, sans courant d'air, elle s'arrête bientôt. Au bout de peu de temps, l'air est altéré ; il est devenu incapable d'entretenir le feu.

Une expérience bien simple suffira pour vous en convaincre. Sur la table, je pose un bout de bougie allumé, puis je le recouvre d'un verre. Voyez : la flamme devient déjà plus petite, puis elle s'éteint. Il y a encore de l'air sous le verre, pourtant ; mais il faut bien croire qu'il n'a pas les mêmes propriétés que l'air ordinaire, puisque la bougie ne peut y brûler.

La combustion s'arrête dans un air confiné.

L'air est tout aussi nécessaire à la respiration qu'à la combustion. Plongé dans l'eau ou dans un gaz autre que l'air, un animal ne tarde pas à mourir asphyxié, car il ne peut plus respirer.

Les poissons, à la vérité, vivent bien dans l'eau ; mais ils sont organisés de façon à pouvoir retirer de l'eau l'air qui s'y trouve contenu.

L'air renfermé dans un espace clos, et dans lequel respirent des hommes et des animaux, devient, à la longue, irrespirable. Pour le montrer, introduisons une souris sous un verre et scellons le verre sur la table avec un peu de suif, pour que l'air ne puisse

La respiration s'arrête dans l'air confiné.

pas se renouveler. La pauvre petite bête semble anxieuse ; elle s'agite, puis devient morne, et tombe ; retirons-la vite de sa prison, car elle y périrait en quelques instants.

En somme, l'air qui n'est plus propre à entretenir la combustion, n'est pas plus propre à entretenir la respiration.

C'est que la respiration est une vraie combustion. L'air qui s'introduit dans nos *poumons* brûle une partie de nos aliments pour donner naissance à la chaleur de notre corps. Plus il fait froid, plus nous avons besoin de produire intérieurement de la chaleur, et plus nous respirons. Seulement, notre combustion intérieure se fait doucement, sans flamme : elle ne donne naissance qu'à une douce chaleur.

L'enfant, l'homme, le vieillard. — Lorsque l'enfant vient de naître, il est si faible, qu'il ne peut se tenir sur ses jambes, si délicat, que les précautions les plus grandes sont nécessaires à la conservation de sa *vie*.

Un enfant nouveau-né a, *en moyenne*, cinquante centimètres de hauteur ; il pèse, *en moyenne*, trois kilogrammes et deux cents grammes. Mais l'accroissement est rapide : à cinq mois, l'enfant, s'il est bien portant, pèse à peu près deux fois plus qu'au jour de sa naissance ; à seize mois, il pèse quatre fois plus. A trois ans, l'enfant a généralement une taille de quatre-vingt-quatre centimètres, c'est-à-dire la moitié de la taille de l'homme.

En même temps que la taille et le poids augmentent, les organes se développent. Les dents, absentes au moment de la naissance, sont au nombre de vingt à deux ans. A sept ans, ces premières dents commencent à tomber, et sont remplacées par d'autres plus fortes, au nombre de vingt-huit. Vers vingt ans, les quatre *dents de sagesse* portent le nombre total à trente-deux.

A vingt ans, le jeune homme cesse de grandir : il a alors, en moyenne, 168 centimètres de taille.

Mais son poids augmente le plus souvent jusqu'à 25 ans : à cet âge, il pèse en moyenne 64 kilogrammes, c'est-à-dire 20 fois plus que le jour de sa naissance.

Tous les hommes n'atteignent pas la taille moyenne et le poids moyen. On a vu des hommes avoir moins d'un mètre de hauteur, et d'autres plus de deux mètres et demi. Quelques-uns pèsent à peine trente kilogrammes, et d'autres dépassent deux cents kilogrammes; mais ce sont là des exceptions.

Taille du nouveau-né, comparée à celle de l'homme.

Bientôt la vieillesse apparaît. Le visage se ride, les cheveux blanchissent, les dents s'ébranlent et tombent, la vue se trouble, l'ouïe devient dure, et les mouvements ne s'effectuent plus qu'avec lenteur. La machine humaine est irrémédiablement usée.

Enfin la mort arrive, inévitable, dans un âge plus ou moins avancé. L'homme dont la vie a été calme et régulière, qui n'a pas été affaibli par les maladies, atteint fréquemment quatre-vingts ans. Les centenaires sont des exceptions.

Mais en considérant le corps affaibli des vieillards, vous devez songer aux soins dont ils ont comblé votre enfance. C'est un devoir pour vous d'entourer de respect et de soins cette existence qui s'éteint.

Les races humaines. — Parmi vous, les uns sont blonds, les autres bruns ; les uns grands pour leur âge, les autres petits ; les uns sont gras, les autres maigres. Les traits du visage, le son de la voix, diffèrent de l'un à l'autre.

Il y a donc entre les habitants d'une même ville des différences très marquées. Ces différences s'accentuent davantage, quand on va d'une région à l'autre de la France, d'un pays à l'autre de l'Europe, d'une contrée à l'autre de la terre.

Ce qui frappe au premier abord, quand on considère tous les peuples qui habitent sur la terre, c'est la différence de couleur de la peau. Les uns ont la peau blanche ou presque blanche, comme la nôtre : ils constituent ce qu'on nomme la *race blanche*.

Type de race blanche.

Tous les peuples de l'Europe, Français, Anglais, Allemands, Russes, Espagnols, Italiens..., sont des peuples de race blanche. Ils se distinguent, du reste, les uns

des autres, par la taille, qui est plus ou moins élevée,
et par la couleur des cheveux. Tous ils ont, en même
temps que la peau blanche, le nez droit, la bouche
assez petite, les lèvres minces, les yeux grands.

Les hommes de race blanche sont les plus beaux,
les plus intelligents, les plus civilisés. Ils étendent
chaque jour leur domination : ils forment plus de la
moitié de la population de la terre, c'est-à-dire qu'ils
présentent par leur réunion à peu près 600 millions
d'habitants.

Les peuples de *race jaune* constituent la popula-

Type de race jaune.

tion de la Chine et du Japon ;
ils sont aussi répandus dans
une partie de l'Afrique et
dans une partie de l'Amé-
rique. Le nombre total de
leurs individus dépasse 300
millions d'habitants.

Voyez comment un Chinois
diffère d'un Français. La peau
présente une coloration jau-
nâtre ; les cheveux sont
droits, raides et assez longs.
La barbe est très peu abondante : elle se réduit le
plus souvent à des moustaches
grandes et minces. L'intervalle
qui sépare les yeux, fendus obli-
quement, est considérable ; le
nez est épaté. Le Chinois est généralement maigre et assez petit. La figure d'un Chinois ressemble si peu à celle d'un Français, qu'aucune confusion n'est
possible.

Type de race noire.

Les *nègres* forment la *race
noire*. Ils habitent surtout l'A-
frique ; leur nombre, encore incertain, peut s'élever
à 40 millions. Les nègres ont la peau noire et lui-

6.

sante ; la paume de la main et la plante des pieds sont plus claires. Les cheveux sont noirs et crépus comme de la laine ; la barbe est rare, les yeux sont petits, le nez est large et plat, les lèvres sont grosses et les dents blanches.

Les nègres sont généralement d'assez grande taille, et assez robustes ; mais le plus souvent leur intelligence est peu développée. Ils sont peu civilisés.

II. — DIVISION DES ANIMAUX.

Animaux vertébrés et animaux invertébrés. — Les animaux que vous connaissez le mieux ont, comme l'homme, le corps soutenu par des os, qui par leur ensemble forment le *squelette :* tels sont le bœuf, le cheval, les oiseaux, les poissons, les serpents.

Mais beaucoup d'autres animaux n'ont pas d'os. Les insectes n'ont pas d'os ; les vers, les sangsues, les limaces n'en ont pas non plus. Les écrevisses ont bien le corps recouvert

Squelette d'oiseau.

d'une enveloppe très dure, qui les protège contre les chocs ; mais cette enveloppe n'est pas formée par des os, c'est une sorte de peau. De même, la coquille de l'huitre ou du colimaçon est une enveloppe protectrice ; ce n'est pas un squelette formé d'os.

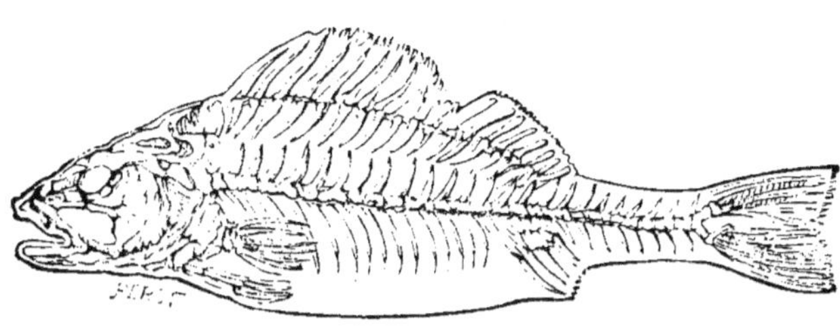

Squelette de carpe.

Les animaux à os sont appelés animaux vertébrés, parce que les *vertèbres*, qui constituent l'*épine dorsale*, sont les plus importants de tous les os.

Les animaux sans os sont appelés *invertébrés*.

Les animaux vertébrés sont ceux que vous connaissez le mieux. Ils forment cinq divisions, qui ne vous sont pas inconnues.

La première est constituée par tous les animaux dont le corps est couvert de poils (bœuf, cheval, chien, singe, taupe, lièvre...). Ces animaux sortent tout vivants du sein de leur mère, qui les nourrit avec le lait contenu dans ses *mamelles :* on leur donne, pour cette raison, le nom de *mammifères*.

Épine dorsale de l'homme, composée de vertèbres.

La seconde division des vertébrés est celle des oiseaux. Les oiseaux sont couverts de plumes ; ils ont des ailes et deux pattes seulement. Ils sortent des œufs couvés par la mère. Les oiseaux n'ont pas de mamelles.

Portion de l'épine dorsale de l'homme, montrant les vertèbres séparées les unes des autres.

Les *reptiles* forment la troisième division. Ils n'ont ni plumes ni poils.

La quatrième division porte un nom que vous ne connaissez peut-être pas : c'est la division des *batraciens*. Les grenouilles sont des batraciens. Elles présentent cette particularité bien curieuse qu'elles sont constituées dans leur jeune âge pour vivre dans l'eau, et dans leur âge adulte pour vivre dans l'air. Jeunes, elles portent le nom de *têtard*. Le têtard ressemble à

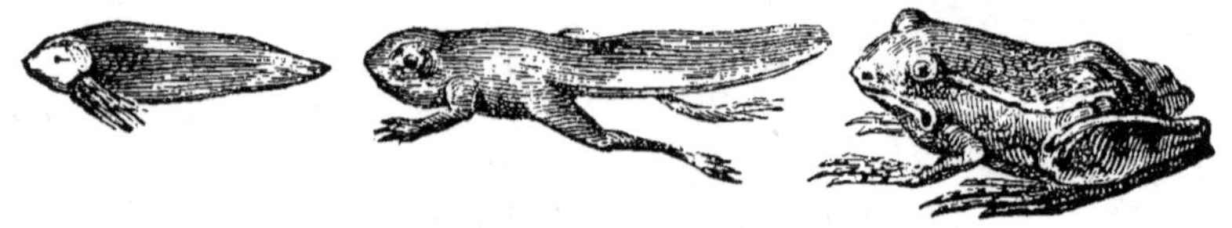
Métamorphoses de la grenouille.

un poisson : il vit dans l'eau. Puis, après quelques semaines d'existence, il lui pousse des pattes, sa queue tombe : il devient *grenouille*. La grenouille, une fois complètement formée, ne peut plus vivre exclusivement dans l'eau : elle est obligée de venir respirer fréquemment l'air à la surface.

Les batraciens sont donc des animaux qui changent de forme après leur naissance.

Les *poissons*, enfin, constituent la cinquième division des vertébrés. Ils ont le corps couvert d'écailles,

La baleine.

et ne vivent que dans l'eau. La baleine n'est pas un poisson, car ses petits naissent tout vivants, et la mère les nourrit avec le lait de ses mamelles : c'est donc un mammifère. Quoiqu'elle habite l'Océan, elle vient constamment respirer l'air extérieur.

Les reptiles, les batraciens et les poissons naissent, comme les oiseaux, d'œufs pondus par la mère.

Les animaux invertébrés sont bien plus nombreux encore que les animaux vertébrés.

La principale de leurs divisions est celle des *insectes* (chenilles, mouches, hannetons, puces, abeilles, phylloxeras), dont nous dirons plus tard quelques mots. Les autres divisions (*annelés, crustacés, mollusques, zoophyles*) renferment, parmi les animaux qui vous sont connus : les vers, l'écrevisse, l'escargot, l'huître, l'éponge...

L'éponge.

Les mammifères. — Presque tous les *mammifères* ont quatre pattes, et leur peau est couverte de poils ; ils nourrissent leurs petits avec le lait de leurs mamelles ; mais, en dehors de ces caractères communs, ils présentent une grande diversité

L'éléphant.

de taille, d'aspect et de manière de vivre.

Le plus grand des mammifères est la *baleine*, qui atteint jusqu'à trente-six mètres de longueur et pèse autant que cent gros bœufs gras. Elle n'a pas de pattes, mais des nageoires. L'*éléphant*, qui n'a que cinq mètres de hauteur, est d'un poids beaucoup moins considérable.

A côté de ces animaux énormes, la petite *souris* fait bien mince figure.

Comme aspect, la diversité n'est pas moins considérable. Le *singe* présente une grande ressemblance avec l'homme. Il a, non pas quatre *pieds*, mais quatre *mains*, propres à saisir les objets : aussi grimpe-t-il aux arbres avec une extrême agilité. La *chauve-souris* ressemble à un oiseau : c'est

Le gorille, le plus gros des singes.

bien un mammifère pourtant. Ses ailes ne sont pas constituées par des plumes, mais par des peaux couvertes de poils, tendues entre les membres antérieurs et les membres postérieurs.

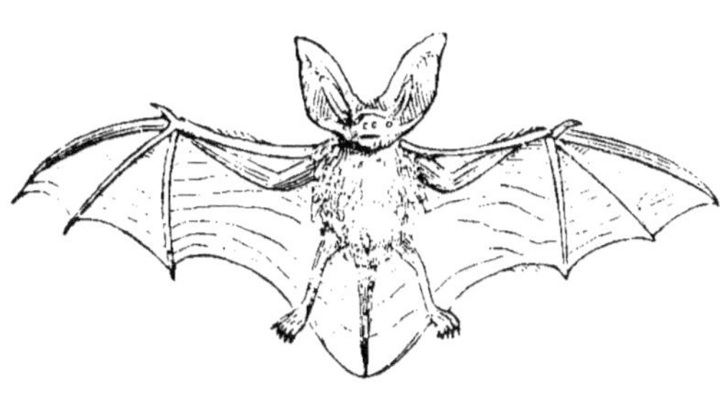

La chauve-souris.

La *taupe* a les pattes si courtes qu'elle semble à peine pouvoir marcher, tandis que le *cerf* peut suivre à la course un train de chemin de fer.

Enfin, les mammifères diffèrent les uns des autres par la manière de vivre, comme je vais vous le montrer.

Beaucoup de mammifères se nourrissent de la chair d'autres animaux; ils sont *carnivores*. Ils ont tous des dents plus ou moins aiguës. Leur manière de vivre dépend de l'animal dont ils font leur nourriture habituelle : car ils passent la plus grande partie de leur existence à faire la chasse à leur proie.

Le hérisson.

La *chauve-souris*, le *hérisson*, la *taupe*, mangent des insectes : on dit qu'ils sont *insectivores*.

La chauve-souris sort le soir des endroits sombres dans lesquels elle a passé la journée, pour donner la chasse aux insectes nocturnes. Le hérisson, très vorace, recherche dans les haies les insectes, les limaces, les colimaçons. La taupe recherche les vers de terre : aussi sa vie est-elle constamment souterraine. Ses pattes, très puissantes, sont faites bien plus pour creuser la terre que pour marcher.

D'autres carnivores, plus nombreux, dédaignent les insectes : il leur faut de la vraie viande. Ils dévorent les autres mammifères, les oiseaux, les poissons. Armés de fortes griffes, de mâchoires puissantes, presque tous passent la nuit à chasser. Tels sont le *chat sauvage*, le *loup*, le *renard*, l'*ours*, le *tigre*, le *lion*, le *blaireau*,

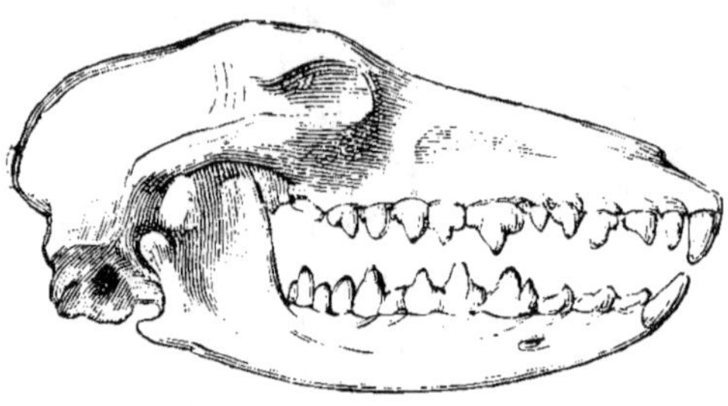

Les dents aiguës du hérisson.

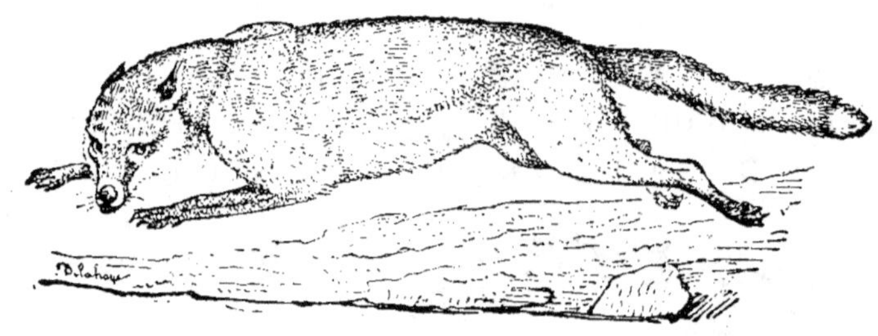

Le renard.

la *fouine*, et tant d'autres. Ceux-là sont presque tous les ennemis de l'homme.

Les *herbivores*, au contraire, ont les dents plates : n'ayant pas de proie à saisir, ils n'ont pas besoin de griffes.

Vous connaissez tous un grand nombre

Le loup.

d'herbivores : le *lapin*, l'*écureuil*, la *marmotte*, le

cheval, l'âne, le *bœuf*, le *mouton*, le *cerf*, l'éléphant.

Parmi les herbivores, il s'en trouve qui mangent deux fois leurs aliments : ce sont les *ruminants*.

Le chameau.

Regardez un *bœuf* couché dans son étable : il fait remonter, de son estomac dans sa bouche, l'herbe qu'il avait d'abord avalée avec trop de précipitation, et il la *remâche* plus complètement. Les ruminants peuvent donc avaler rapidement leur nourriture, sans presque la mâcher, puis la remâcher ensuite à loisir, au moment où ils prennent leur repos.

Le *mouton*, la *chèvre*, le *chameau*, le *cerf*, le *chevreuil*..., sont aussi des ruminants.

Les oiseaux. — Les *oiseaux* ont le corps couvert de plumes ; au lieu de quatre pattes, ils ont deux pattes et deux ailes.

Les ailes des oiseaux leur permettent de voler.

L'*hirondelle* dépasse sans aucun effort nos trains de chemins de fer les plus rapides. Elle fait aisément vingt-cinq lieues à l'heure, et, comme elle mange en volant, elle peut voler pendant une journée sans se reposer. On a vu des pigeons voyageurs porter en quinze heures une dépêche à deux cent quarante lieues de distance. Au contraire, certains oiseaux

L'autruche.

dont le corps est très gros, et dont les ailes sont très petites, tels que les autruches, sont incapables de quitter le sol.

Il y a de nombreuses espèces d'oiseaux, comme il y a de nombreuses espèces de mammifères : les oiseaux se distinguent les uns des autres par la taille, par la couleur du plumage, par la manière de vivre.

L'énorme *autruche*, haute de deux mètres et demi, est bien des milliers de fois plus lourde que le petit *roitelet*.

Quant à la manière de vivre, elle est surtout réglée par le genre de nourriture de l'animal. Les oiseaux qui se nourrissent de grains vont voletant ou marchant pendant toute la journée dans les champs et dans les bois, pour trouver de quoi se nourrir : tels sont la *perdrix*, le *pinson*, le *chardonneret*, etc. Ceux, beaucoup plus nombreux, qui vivent d'insectes, savent découvrir leur proie partout où elle se cache.

Le *pic-vert*, par exemple, frappe avec son bec l'écorce des arbres, pour en faire sortir les insectes qu'il happe au passage.

Beaucoup d'oiseaux se nourrissent de chair. Le *faucon*, dont le bec est crochu et les serres puissantes, fait la guerre aux poulets, aux perdrix, aux lapins. Un certain nombre d'oiseaux *de proie* se livrent à la chasse pendant la nuit : la *chouette* vit de *souris*, de *mulots*, et d'autres petits ennemis de nos habitations et de nos récoltes.

Le pic-vert.

Les oiseaux *aquatiques*, comme le *canard sauvage* et le *cygne*, mangent les poissons.

Vous savez avec quelle habileté et quelle patience les oiseaux construisent leurs nids. C'est là qu'ils déposent leurs œufs. Les nids les plus simples sont ceux des oiseaux qui nichent à terre ; les plus beaux sont ceux des oiseaux qui nichent sur les arbres.

Certains oiseaux ne pondent qu'un œuf ou deux : tels sont l'*aigle*, la *grue*. Les petits oiseaux de nos pays en pondent le plus souvent cinq ou six ; les *perdrix*, les *cailles*, les *canards sauvages*, en pondent jusqu'à vingt.

Pendant que la mère couve, les petits se dévelop-

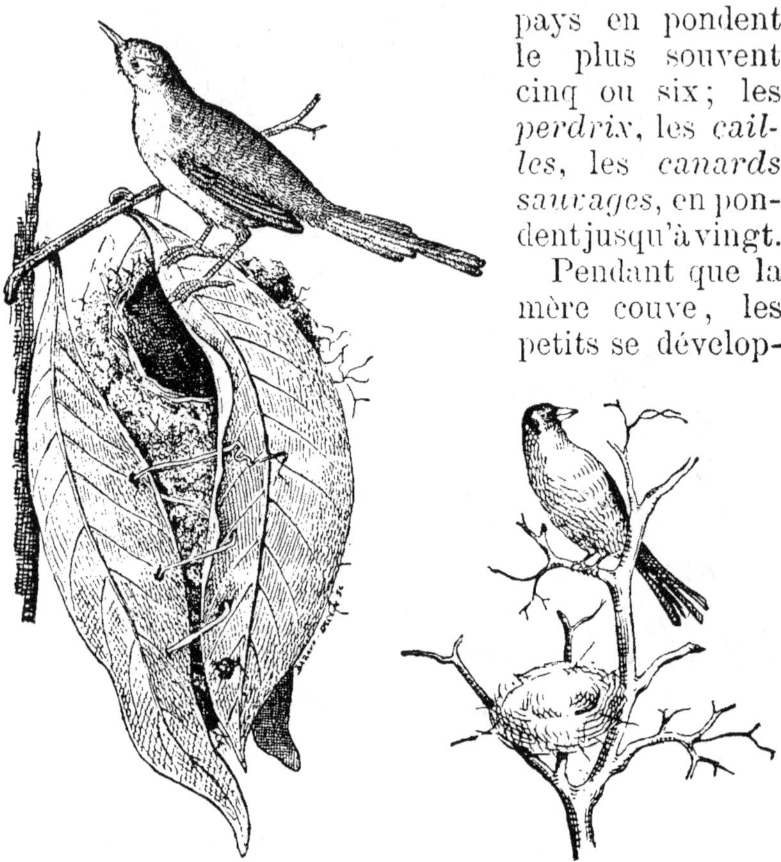

La fauvette couturière et son nid.

Le nid du chardonneret.

pent dans l'œuf, puis ils brisent la coquille et sortent. La durée de *l'incubation* est de douze jours pour la *mésange*, de vingt jours pour le *corbeau*, de trente jours pour le *dindon*, de soixante jours pour le *vautour*.

Les petits des *pou-*

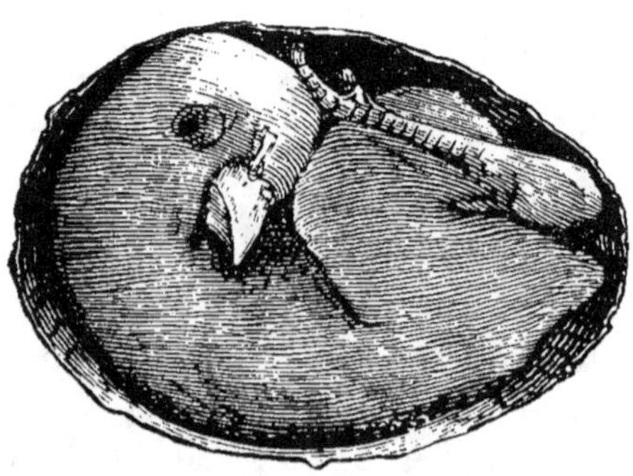

Œuf de poule, renfermant un petit prêt à éclore.

les, des *canards*, des *dindons*, des *perdrix*, sont couverts de plumes dès leur naissance, et savent manger seuls. Mais, pour un plus grand nombre d'espèces, les petits naissent nus, et sont nourris pendant plusieurs semaines par leurs parents.

Les reptiles. — Les *reptiles* vivent et respirent dans l'air, comme les mammifères et les oiseaux. Il en est cependant un grand nombre qui aiment beaucoup l'eau, et qui y passent une partie de leur existence. Ils n'ont ni poils ni plumes ; leur corps est le plus souvent recouvert d'écailles. Quant à leur forme, elle est très variée, ainsi que leur manière de vivre ; tous les reptiles ressemblent soit aux *tortues*, soit aux *lézards*, soit aux *serpents* de nos pays.

La *tortue* a le corps recouvert d'une sorte de bouclier. Elle a quatre pattes et une queue très courte. C'est un animal des pays chauds. Pendant

La tortue.

l'hiver, elle s'enfonce dans quelque trou et y reste engourdie, jusqu'au printemps, sans prendre aucune nourriture.

Quelques grosses tortues marines, vivant presque toujours dans l'eau, pèsent jusqu'à huit cents kilogrammes. Leur *carapace* sert à faire l'*écaille*, cette belle substance colorée et transparente avec laquelle on fabrique divers objets de luxe. La chair et les œufs de la tortue constituent des mets délicats.

Les *lézards* n'ont pas de carapace ; leur peau est recouverte d'écailles. Ceux de nos pays sont petits, mais on rencontre dans les pays chauds, et principalement en Afrique, des espèces de lézards, *caïmans*

et *crocodiles*, qui atteignent sept mètres de longueur.
Ils sont très voraces, et s'attaquent même à l'homme.

Le crocodile.

Les *serpents* ont des écailles comme les lézards,
mais ils n'ont pas de pattes : ils s'avancent en ram-
pant. Ils sont carnivores comme les lézards, et ava-
lent leur proie sans la mâcher, après l'avoir broyée
dans leurs anneaux.

Le plus gros des serpents, le *boa*, a quelquefois
cinq mètres de longueur. Il dévore un cerf, un âne,

La vipère, seul serpent venimeux de France.

puis reste plusieurs jours immobile, sans prendre de
nourriture.

La France n'a que de petits serpents. La *cou-
leuvre*, inoffensive, ne dépasse pas chez nous un mètre

et demi de longueur ; elle se nourrit de rats, de grenouilles... : elle nous est donc plutôt utile que nuisible.

La *vipère*, qui est le seul serpent dangereux de France, est encore plus petite.

Beaucoup de serpents, et la *vipère* est de ce nombre, ont dans la mâchoire un réservoir rempli d'un poison dangereux, le *venin*, qui, lorsqu'ils ont fait une morsure, se répand dans la plaie et cause souvent la mort.

La morsure du *serpent à sonnettes* des pays chauds est presque toujours mortelle ; celle de la *vipère* de France ne l'est presque jamais pour l'homme. Les serpents venimeux emploient leur venin pour attaquer et tuer les victimes qui servent à les nourrir.

Comme les tortues et les lézards, les serpents aiment la chaleur : pendant l'hiver, ils restent engourdis dans la terre, dans les trous, sous les feuilles, sans prendre de nourriture.

Les poissons. — Les *poissons* sont encore des vertébrés, c'est-à-dire qu'ils ont des os comme les mammifères, les oiseaux et les reptiles ; mais ils sont organisés pour vivre dans l'eau. Ils peuvent respirer dans

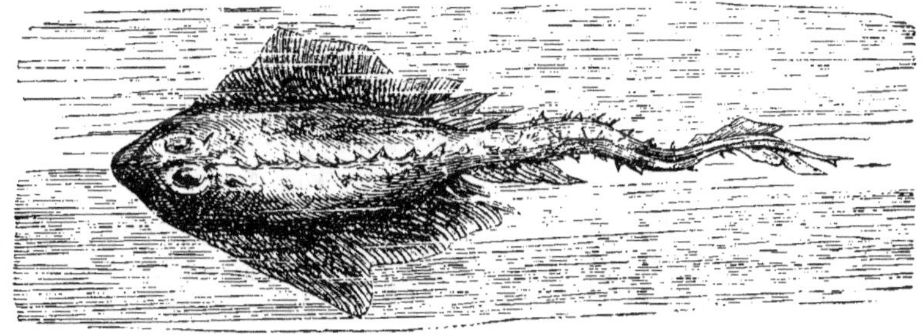

La raie.

l'eau, tandis que les animaux dont nous avons parlé précédemment y sont bientôt asphyxiés.

Au lieu de pattes, ils ont des *nageoires*, dont ils se

servent comme de rames. Leur queue, très puissante,
leur est aussi d'un grand secours pour s'avancer dans
l'eau.

La forme la plus ordinaire des poissons est celle
du *goujon*, de la *carpe*, du *brochet* ; l'*anguille* est
allongée comme un serpent : la *sole*, la *raie*, le *turbot*,
sont très plats.

La taille des poissons varie depuis quelques centi-

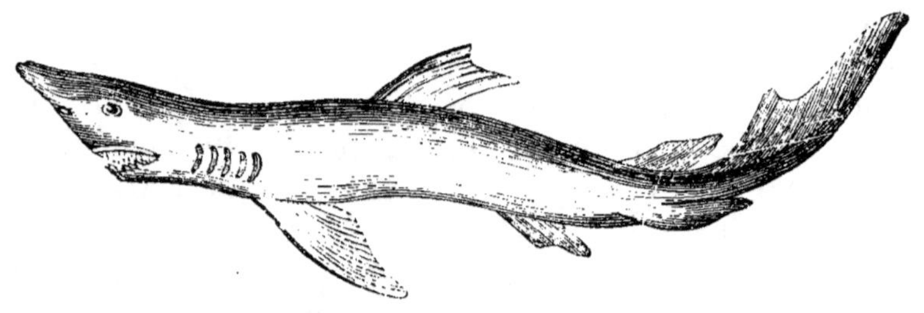

Le requin.

mètres jusqu'à plusieurs mètres. Le *requin* atteint
sept mètres de longueur.

Les poissons pondent des œufs. Ils les abandon-
nent près du bord de l'eau ; au bout de quelques semaines se fait l'éclosion.

La fécondité des poissons est prodigieuse. Une
seule femelle de *morue* pond près de dix millions
d'œufs chaque année. Si tous les petits poissons gros-
sissaient librement, la mer serait bientôt comblée.

Mais les poissons se détruisent entre eux : les gros
mangent les petits. De plus, l'homme leur fait une
chasse continuelle : car leur chair, fraîche ou conser-
vée, est saine et très nourrissante ; elle offre de
grandes ressources à l'alimentation.

Les insectes. — Les *insectes* sont les plus grands
ennemis de l'homme ; vous avez donc besoin de les
connaître.

Ce ne sont pas des vertébrés : ils n'ont pas d'os.
Leur corps est soutenu par une peau toujours un peu

dure, formée d'anneaux qui s'emboîtent les uns dans les autres : pour vous en convaincre, vous n'avez qu'à considérer attentivement une *chenille*, ou le ventre d'un *hanneton*.

Ils vivent dans l'air. Ils ont toujours six pattes : les *araignées*, qui ont huit pattes, les *mille-pieds*, qui en ont un grand nombre, ne sont pas véritablement des insectes. Ces pattes ont des formes très variées. Les insectes sauteurs, comme le *criquet* et la *sauterelle*, ont deux longues pattes très puissantes, avec lesquelles ils se lancent en avant; les insectes qui creusent la terre, comme la *courtilière*, ont des pattes analogues à celles de la taupe, c'est-à-dire en forme de pelle.

Presque tous les insectes ont des ailes pendant la dernière partie de leur exis-

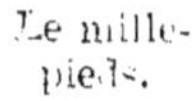

Le mille-pieds.

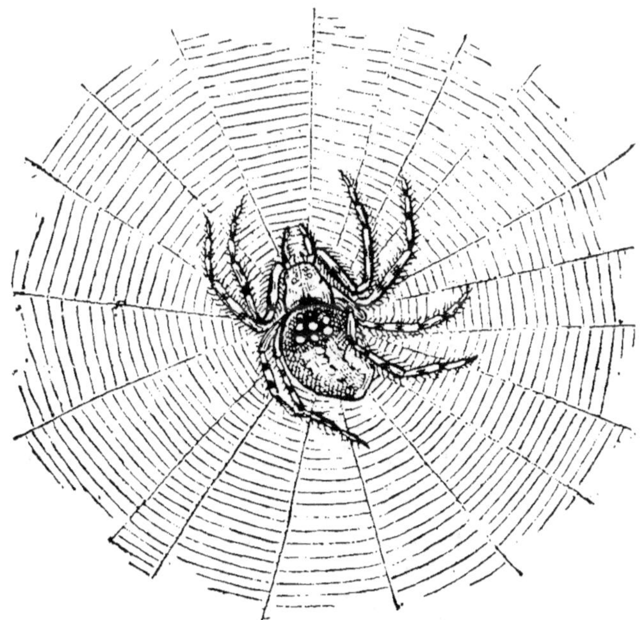

Araignée domestique.

tence. La *mouche*, le *cousin*, en ont deux; le *pa-*

7.

pillon, le *hanneton*, en ont quatre : la *puce* n'en a
pas.

Un certain nombre d'insectes ont, à l'extrémité
postérieure du corps, une sorte de lancette avec
laquelle ils peuvent piquer leurs ennemis. Grâce à
cette lancette, ils introduisent dans la plaie un venin
qui cause une cuisante douleur et une grande en-
flure : telles sont la *guêpe* et l'*abeille*.

La sauterelle.

La puce (très grossie).

Comme les vertébrés, les insectes sont les uns *herbivores*, les autres *carnivores*. Leur bouche a une
disposition toute différente, suivant que l'animal
doit sucer un liquide ou broyer des aliments solides.

Les insectes déploient un instinct remarquable
pour se procurer et conserver leur nourriture, comme
aussi pour se défendre contre leurs ennemis, et pour
élever leurs petits.

Ces animaux ont tous une vie assez courte; mais ils
se multiplient avec une extrême rapidité. La femelle,
peu de temps avant sa mort, pond un nombre d'œufs
généralement considérable : elle a grand soin de les
placer bien à l'abri et de telle manière que, aussitôt
après l'éclosion, les petits trouvent la nourriture qui
leur convient.

Presque tous les insectes éprouvent, pendant la
durée de leur existence, deux changements de forme,
auxquels on donne le nom de *métamorphoses*.

A sa sortie de l'œuf, l'animal a l'apparence d'un
ver : en cet état on l'appelle *larve*.

La larve, très vorace, grandit vite. Puis elle cesse de manger, devient immobile, et change de forme : la *larve* est devenue une *nymphe* ou *chrysalide*. Avant de subir cette métamorphose, l'insecte a

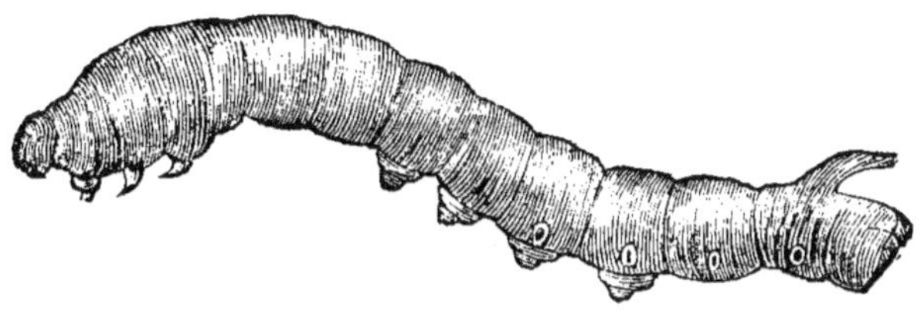

Ver à soie. (Larve ayant atteint toute sa croissance.)

toujours eu soin de se choisir une retraite sûre : souvent il s'est tissé lui-même un *cocon* soyeux, dans lequel il s'est enfermé.

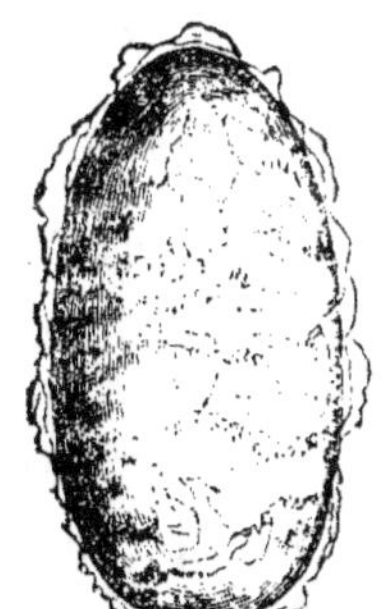

Ver à soie. (Nymphe ou chrysalide hors du cocon.)

Enfin, après quelques jours d'immobilité, la *nymphe* sort de sa retraite : elle a subi une seconde métamorphose, elle est devenue *insecte parfait*, avec des ailes. A l'état parfait, l'insecte vit peu de temps; il pond ses œufs et meurt.

Les *chenilles* sont des insectes à l'état de *larve*. Elles se changent d'abord en *chrysalides*, puis en insectes parfaits, qui sont les *papillons*.

Le *ver blanc* est la larve de l'insecte parfait qu'on nomme *hanneton*.

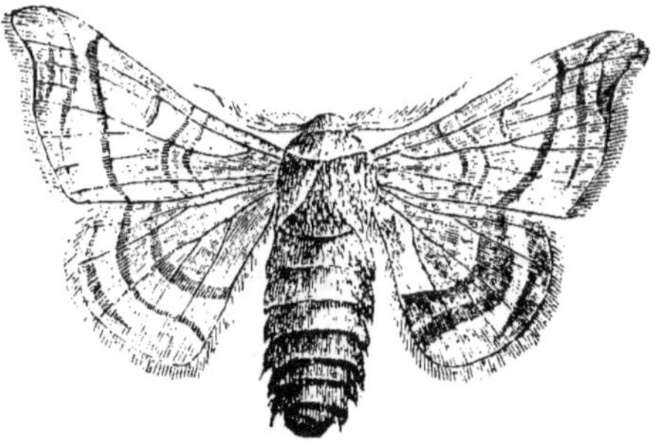

Ver à soie. (Cocon qui renferme la nymphe.)

Ver à soie. (Insecte parfait ou papillon.)

III. — **ANIMAUX NUISIBLES.**

Ennemis et amis. — De tous les animaux qui nous entourent, beaucoup peuvent être considérés comme étant nos ennemis. Les uns, grands ou petits, s'attaquent directement à notre personne, comme les lions et les tigres, les poux et les puces. D'autres déciment nos troupeaux, font périr les animaux domestiques, détruisent nos cultures, détériorent nos vêtements, compromettent la solidité de nos constructions.

Mais à côté de ceux-là sont nos amis, qui obéissent à nos ordres et nous aident dans nos travaux. La chair de beaucoup d'entre eux nous sert de nourriture; avec leur peau, leur poil, leurs plumes, nous faisons des vêtements. Plus nombreux encore sont les animaux qui, détruisant nos ennemis dont ils font leur nourriture, nous rendent ainsi indirectement les plus grands services.

Il nous faut maintenant passer en revue quelques-uns de ces animaux pris parmi ceux que vous connaissez le mieux. Commençons par nos ennemis : vous verrez, du reste, que la plupart d'entre eux ont aussi leur utilité, et que, tout en nous nuisant, ils nous sont pourtant aussi utiles sous certains rapports.

Mammifères nuisibles. — Les mammifères herbivores attaquent souvent nos récoltes : les *lièvres*, les *lapins*, les *écureuils*, les *rats*, les *campagnols* ou *rats des champs*, les *sangliers*, et tant d'autres, font de grands ravages dans nos champs.

Voyez le *rat*, par exemple, depuis le gros *rat-surmulot* jusqu'à la petite *souris* ; il nous fait le plus grand mal. Rien n'échappe à sa dent meurtrière : provisions de ménage, papier, linge, fruits, graines, matières animales, tout lui est bon. Dans les forêts, on a vu des superficies considérables entièrement dévastées par les mulots. Le rat est d'autant plus à craindre qu'il se multiplie très rapidement, sa fécondité étant très grande. La destruction de cet animal présente le plus grand intérêt : car c'est un véritable fléau.

Le campagnol, ou rat des champs, dévaste les champs et les forêts.

Un autre herbivore beaucoup plus gros, le *sanglier*, ferait plus de ravages encore, s'il existait en nombre moins restreint. Vous allez voir, du reste, que, parmi nos ennemis, les plus à craindre sont généralement les plus petits : car ils pullulent d'une manière effrayante.

Le *sanglier* est la souche du cochon domestique. Cette bête, sauvage et brutale, est parfois très redoutable. Son museau est terminé par un os particulier, appelé *boutoir*,

L'écureuil détruit les graines des arbres. — Longueur : 25 centimètres.

dont les coups sont souvent terribles. Les canines s'accroissent pendant toute sa vie pour constituer des *défenses* dirigées vers le haut, et qui lui servent à pourfendre ses ennemis. Animal essentiellement nuisible, le sanglier s'attaque à la fois aux forêts, au gibier et aux cultures. Il se nourrit non seulement

Le sanglier est notre cochon à l'état sauvage. C'est un animal qui ravage les champs cultivés. — Hauteur : 1 mètre.

de racines de toute espèce, d'herbes, de fruits, de

Le lion est le plus gros et le plus fort des carnassiers. — Hauteur : 1 mètre ; longueur : 2ᵐ,50 à 3 mètres.

glands, de faines, de châtaignes, de pommes de terre,

mais il mange encore les lapereaux, les levrauts, les chevreuils ; les œufs de faisan et de perdrix, les jeunes oiseaux nouvellement éclos n'échappent pas à sa voracité. Il détruit une assez grande quantité de mulots et d'insectes ; mais ce service, le seul qu'il nous rende, est loin de compenser ses irréparables dégâts. C'est surtout dans les champs cultivés que ses déprédations sont le plus sensibles : un petit nombre de sangliers suffisent pour retourner en une nuit un champ d'une grande étendue.

Les mammifères carnivores, *ours, renard, loup, lion, tigre, chat, martre, fouine, belette, putois, loutre, blaireau...*, détruisent le gibier, tuent les volailles ou emportent les œufs. Quand ils sont d'assez forte taille ils dévorent le bétail. Le loup, le lion, le tigre, attaquent même l'homme.

Pour comprendre comment opèrent la plupart des carnivores, vous n'avez qu'à examiner votre chat. Remarquez comme il sait ramper avec souplesse, attendre avec patience, bondir avec agilité : ne sont-ce pas là les qualités dont il a besoin pour guetter sa proie, la surprendre et la saisir ?

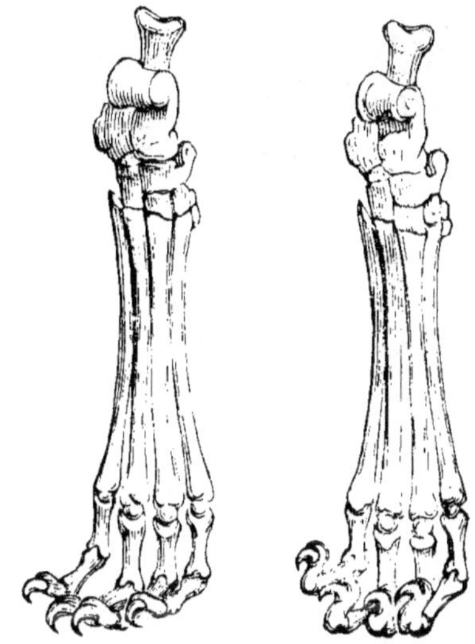

Les griffes du chat et celles de beaucoup d'autres carnivores sont aiguës et cachées entre les doigts. L'animal les sort quand il veut saisir sa proie.

Puis, dès qu'il la tient, voyez comme il sort ses griffes puissantes, desquelles le pauvre petit animal ne se tirera pas. Ces griffes sont toujours aiguës : quand le chat marche sur le sol, il les fait rentrer entre ses doigts de peur qu'elles ne s'usent et ne s'émoussent.

Et quelles dents il possède pour déchirer sa proie

palpitante! Et, par surcroît, il est doué d'une force
musculaire considérable relativement à sa petite
taille.

Le lion et le tigre, et tant de petits carnivores, si
nuisibles en France, *loutres, martres, belettes,
fouines...* agissent de la même manière que le chat.
Ces derniers mammifères sont de petites bêtes qui

La belette, grosse comme un rat, s'attaque même aux lapins.

ont le corps très allongé, la queue généralement
touffue; elles grimpent aux arbres avec la plus grande
agilité et se faufilent par les plus petites ouvertures.
Elles font une chasse incessante aux rats, aux mulots,
aux reptiles; mais elles s'attaquent encore plus volontiers aux oiseaux. Quand elles pénètrent dans nos basses-cours, elles

La loutre détruit le poisson et dépeuple les rivières.

détruisent en peu
de temps volailles et lapins, dont elles se plaisent à
boire le sang.

Le *renard* est très abondant en France. Il est
d'assez petite taille, reconnaissable à sa queue longue
et touffue, à son museau pointu. Il habite les forêts, à
peu de distance des fermes, où il sait trouver toujours

une proie facile. Il se creuse des terriers, dans lesquels il se retire quand quelque danger le menace. Le renard est extrèmement rusé. Il se nourrit de volailles, qu'il va chercher pendant la nuit dans les habitations voisines. Il tue tout ce qu'il ne peut manger et l'emporte dans son terrier. Dans les forêts, il détruit les lièvres, les lapins, les perdrix, les faisans, et même quelquefois les jeunes chevreuils. C'est donc un animal fort nuisible.

Le *loup*, plus gros et plus fort, est moins rusé et fait moins de dégâts que le renard. Il est, du reste, beaucoup moins abondant en France.

Nous n'en finirions pas si nous voulions décrire tous les carnivores nuisibles.

Oiseaux nuisibles. — Presque tous les oiseaux sont nos amis. Seuls, les oiseaux de proie qui, *pendant le*

Aigle enlevant sa proie. Le bec des oiseaux de proie est solide et crochu. Ses serres sont puissantes, armées d'ongles longs et acérés.

jour, font la guerre aux petits oiseaux, sont exceptés.

Les *oiseaux de proie* sont ceux qui vivent de chair.

Ils se reconnaissent à la vigueur de leur *bec* crochu et acéré, et à la puissance de leurs *serres*. Ce sont là les armes dont ils se servent pour saisir et dépecer leurs victimes. Ils ont, en outre, une aile puissante, propre à les porter rapidement à la poursuite du gibier, et un œil si fin qu'ils voient distinctement les plus petites proies à une grande distance. Ceux qui font la guerre aux petits oiseaux sont seuls nuisibles.

Les *aigles* se rencontrent surtout dans les régions montagneuses. Ils ont une très grande force, et font une chasse continuelle à toutes sortes de gibier.

Il en est de même des oiseaux de proie plus petits, que vous connaissez mieux : l'*autour*, qui se nourrit de pigeons, de tourterelles, de perdrix, de faisans, de lapins, de lièvres et des poules

L'épervier fait surtout la guerre aux petits oiseaux. — Longueur : 30 centimètres.

de nos basses-cours; l'*épervier*, qui chasse surtout les petits oiseaux: le *faucon*, qui prend les lièvres et les perdrix.

Le *corbeau* et la *pie* ne sont pas véritablement des oiseaux de proie; mais, comme les oiseaux de proie, ils mangent le gibier et les petits poulets, et font beaucoup de dégâts dans nos basses-cours.

Reptiles et poissons nuisibles. — Il ne faudrait pas croire que tous les reptiles soient malfaisants. Les *lézards* détruisent beaucoup d'insectes et nous sont par cela même très utiles; mais les *crocodiles*, très voraces, mangent les poissons et s'attaquent même souvent à l'homme. Les *tortues* ne sont jamais nuisibles. Les *serpents* mêmes, dont la réputation est si mauvaise, ne sont pas tous malfaisants; beaucoup d'entre eux, comme les couleuvres et les vipères, se nourrissent exclusivement de rats, de souris, de grenouilles, dont ils font une grande destruction.

Les reptiles les plus redoutables sont les serpents à *venin*.

Quant aux poissons, étant toujours dans l'eau, ils ne peuvent guère nuire à l'homme. Ils se mangent bien entre eux; mais leur fécondité est telle qu'il n'y paraît guère.

Cependant certains gros poissons, tels que le *requin*, dont la force est prodigieuse, dévorent les hommes qui tombent à la mer.

Insectes nuisibles. — Les insectes sont nos plus grands ennemis. Il n'est, pour ainsi dire, aucun animal et aucun végétal qui ne soient attaqués par quelques-uns de ces animaux malfaisants.

Si la prodigieuse fécondité des insectes pouvait se développer en toute liberté, il n'y aurait bientôt plus à la surface du globe une seule plante vivante, ni un seul vertébré. Heureusement, ces petits animaux se font

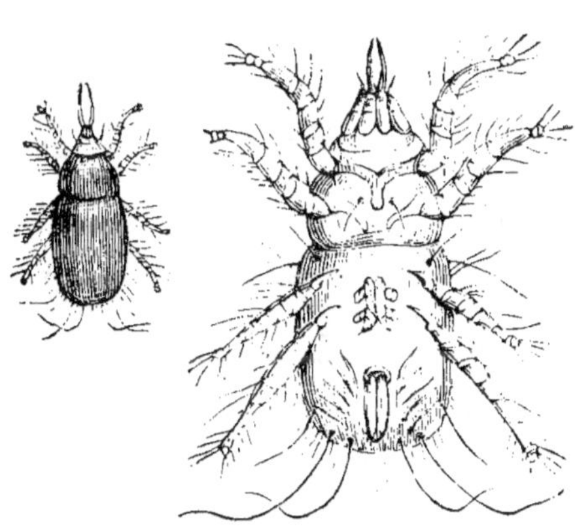

Mite du fromage, très grossie.

entre eux une guerre acharnée; les oiseaux, ainsi que quelques mammifères, tels que la taupe et le hérisson, les dévorent chaque jour par milliards.

Je ne puis entreprendre de vous énumérer les insectes nuisibles : il faudrait y consacrer des livres entiers. Sachez-le : rien n'échappe à leurs atteintes.

Quelques-uns perforent les bois les plus durs; d'autres dévorent les herbes et les feuilles; il en est qui détruisent les fruits, d'autres les graines; d'autres font périr les plantes en rongeant leurs racines. On en rencontre qui vivent en *parasites* sur l'homme et sur tous les animaux. Les provisions que nous amassons dans nos maisons pour satisfaire nos divers besoins, nos vêtements même, ont tout à craindre de leur voracité. Il n'est pas jusqu'à nos habitations dont la solidité ne soit compromise par la vermine qui ronge les charpentes, les planchers et les meubles. Partout se trouvent les insectes, et partout ils sont malfaisants.

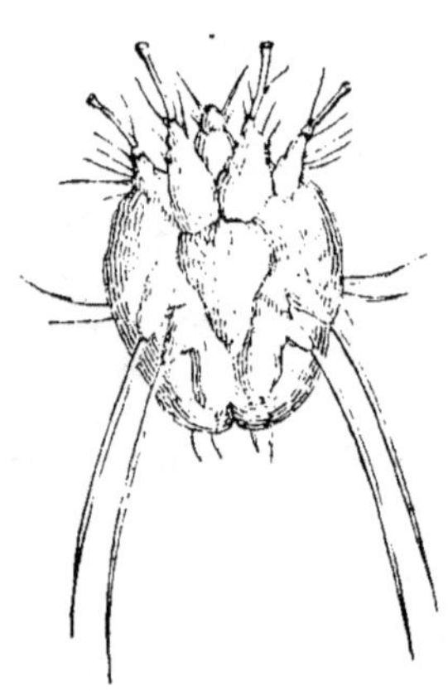

Animal de la gale, très grossi.

Voyez, par exemple, ces innombrables *chenilles*, qui, avant de se métamorphoser en brillants papillons, font preuve d'une voracité inconcevable : ce sont les plus terribles ennemis de nos cultures. En quelques jours elles dépouillent de leurs feuilles tous les arbres d'une forêt. Les champs, les prés, les jardins, les vergers, ne donneraient plus aucune récolte si les oiseaux n'étaient là pour nous protéger.

Les *sauterelles de passage* ne sont pas beaucoup moins redoutables. Lorsqu'elles arrivent en Algérie en bandes serrées, elles ne laissent rien à glaner après elles : les champs sont entièrement dépouillés de toute végétation.

La *courtilière* opère sous terre; elle fait périr les jeunes plantes en les déchaussant ou en rongeant leurs racines.

Le *hanneton* est encore plus à redouter. Sa larve vit pendant trois ans sous terre : c'est le ver blanc, que recherchent si avidement le corbeau, l'étourneau, la perdrix et d'autres oiseaux encore. Pendant trois ans, le ver blanc s'attaque aux racines et fait périr les plantes : salade, choux, raves, haricots, lin, chanvre, céréales, fraisiers, pommes de terre..., tout devient sa proie : il détruit tout.

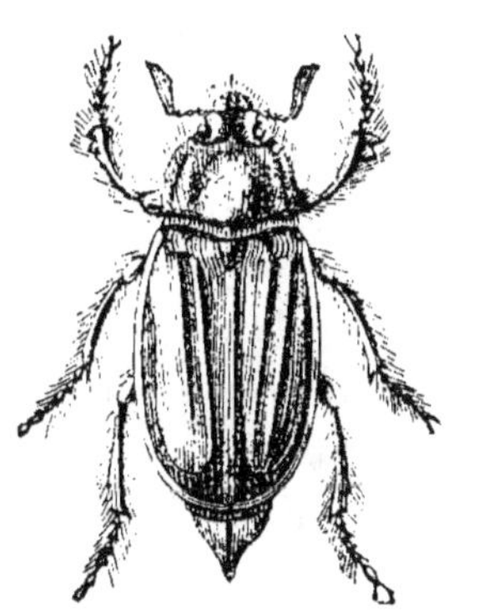
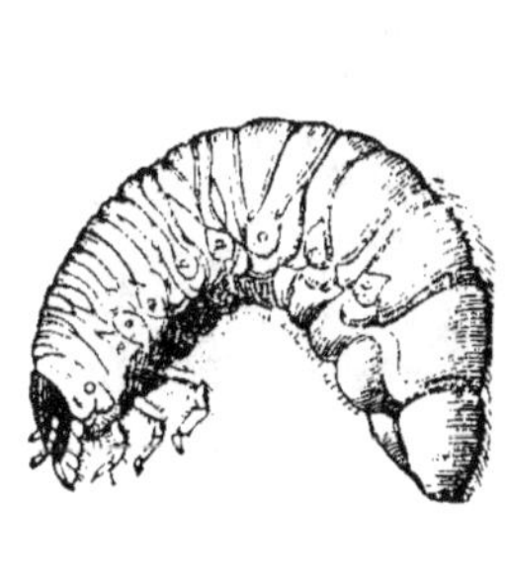

Le hanneton et le ver blanc.

Après trois ans, le ver blanc s'engourdit, reste quelques semaines à l'état de nymphe, puis, devenu hanneton, il sort de terre et continue ses déprédations. Il s'attaque alors aux feuilles.

Les plus gros insectes ne sont pas toujours les plus à craindre. Le petit *charançon*, à peine gros comme une puce, dévore les céréales que nous conservons dans nos greniers.

Le *phylloxera*, invisible à l'œil, tant il est petit, menace actuellement tous les vignobles français d'une destruction complète : il suce le suc des racines et fait périr la plante entière. Ce microscopique ennemi nous a coûté bien des centaines de millions depuis quinze ans.

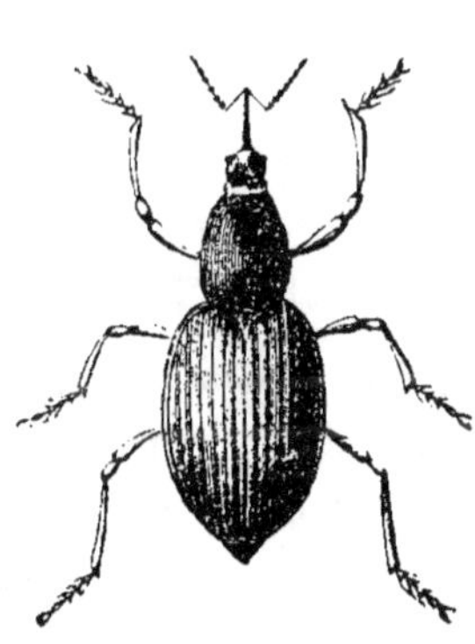

Le charançon (très grossi).

Je ne puis vous en dire plus long sur ce sujet. Ces quelques mots suffisent pour vous montrer la nécessité de combattre les insectes par tous les moyens possibles. Nous verrons bientôt qu'ils ont, heureusement, beaucoup d'ennemis. Vous ne devez jamais détruire, entre autres, ni la *taupe*, ni le *hérisson*, ni les *oiseaux*, qui font aux insectes une guerre acharnée.

Le phylloxera (très grossi). — 1° Phylloxera sans ailes, vu en dessus. — 2° Le même avec son suçoir. — 3° Phylloxera ailé.

Mais le cultivateur intelligent ne peut pas se fier uniquement aux secours qui lui viennent du dehors. Il doit encore faire des efforts personnels pour s'opposer aux ravages de ses ennemis. Les soins bien entendus donnés aux cultures, des labours profonds, l'arrosage par des engrais liquides, détruisent beaucoup d'insectes.

Il faut aussi, au printemps, écheniller les arbres, rechercher et détruire les hannetons avant qu'ils aient pondu leurs œufs.

<hr>

IV. — ANIMAUX UTILES.

Les animaux domestiques. — « Les animaux domestiques sont ceux qui naissent, vivent et meurent près de l'homme, dont ils sont les serviteurs et les auxiliaires. Ils l'aident dans ses travaux, lui fournissent des matières premières pour son industrie et des aliments pour sa nourriture. »

Les animaux domestiques de nos pays sont fort nombreux. Les plus utiles sont des mammifères. Je vous citerai seulement les plus importants : le *chien*, le *cochon*, le *cheval*, l'*âne*, la *chèvre*, le *mouton*, le *bœuf*.

Parmi les oiseaux, la *poule*, le *dindon*, l'*oie*, le *canard*, nous rendent de grands services. Certains insectes, dont nous reparlerons, notamment l'*abeille* et le *ver à soie*, sont aussi des animaux domestiques.

Les services que nous rendent les animaux domestiques sont nombreux et variés.

Les uns, doués d'une force supérieure à la nôtre, et souvent aussi d'une grande agilité, nous aident dans

Taureau de race cotentine. — Hauteur : 1m. 30.

nos travaux. Pour nous ils labourent la terre et traînent de lourds fardeaux : c'est ce que font le *cheval* l'*âne* et le *bœuf*.

Les autres nous servent d'aliment, soit directement par leur chair, soit par leurs œufs ou leur lait. Le *cochon*, le *mouton*, le *bœuf*, les *volailles*, nous fournissent une chair succulente : la *vache* et la *chèvre* nous donnent, en outre, leur lait ; la *poule*, ses œufs ; l'*abeille* nous fournit son miel.

A d'autres nous empruntons les matières premières de notre industrie. La peau du *bœuf*, celle du *cheval*, et celle de l'*âne* servent à faire le cuir ; la laine du *mouton* est tissée, puis transformée en chaudes étoffes ; la plume et le duvet des *volailles* sont utilisés pour la garniture de nos lits.

Il est des animaux domestiques dont aucune partie n'est perdue : on mange la chair du *mouton*; on confectionne des vêtements avec sa laine ; on fait du cuir avec sa peau ; sa graisse sert à la fabrication des chan-

Moutons.

delles et des bougies; avec ses os on fabrique le *noir animal*, dont vous comprendrez plus tard les usages.

Il n'est pas jusqu'aux excréments des animaux domestiques qui, sous le nom de fumier, ne servent indirectement à notre nourriture, puisqu'ils sont indispensables pour la prospérité des récoltes.

Seul parmi tous les animaux domestiques, le *chien* ne nous aide ni par sa force, ni par sa chair, ni par aucun produit nécessaire à l'industrie.

Ce que nous utilisons chez lui, c'est l'intelligence et le dévouement. Le chien est l'ami de l'homme, et un ami qui ne l'abandonne jamais. Il comprend les volontés de l'homme et les exécute. Sans le chien, sans son zèle, comment se ferait la conduite du troupeau? Qui est-ce qui, pendant la nuit, veillerait à la sécurité de la maison? Qui est-ce qui guiderait le chasseur à la poursuite du gibier?

Le chien peut donner à l'homme l'exemple du courage, du désintéressement, de la fidélité dans l'amitié.

Ne soyez jamais ingrats envers cet animal, épargnez-lui les mauvais traitements.

Les mammifères utiles. — Les mammifères domestiques ne sont pas les seuls qui nous rendent des services. Parmi ceux qui ne sont pas soumis à notre domination, et que nous ne pouvons nous procurer que par la chasse, beaucoup servent à notre alimentation ou sont utilisés pour l'industrie. Nous avons rangé plusieurs de ceux-là parmi les animaux nuisibles ; nous avons tout intérêt à les chasser, puisque,

Le chevreuil est le ruminant le plus répandu à l'état sauvage dans nos forêts. — Hauteur : 80 centimètres.

quand ils sont vivants, ils nous font du mal, et que, quand ils sont morts, nous les utilisons.

Ainsi le *lapin*, le *lièvre*, le *sanglier*, le *chevreuil*,

8.

l'*ours* même, sont d'excellents gibiers, dont la chair est succulente. La *martre* du Canada, la *fouine*, le

La musaraigne, le plus petit des mammifères, se distingue de la souris par son museau pointu. Grand destructeur d'insectes. — Longueur : 6 centimètres.

putois, le *renard* des contrées froides, ont la peau couverte d'un poil qui constitue une excellente fourrure.

Le poil du *castor* sert à faire le feutre des chapeaux. Cet animal, très rare en France, est fort industrieux : avec ses pattes et sa queue il se construit, dans le lit même des rivières, de véritables maisons à

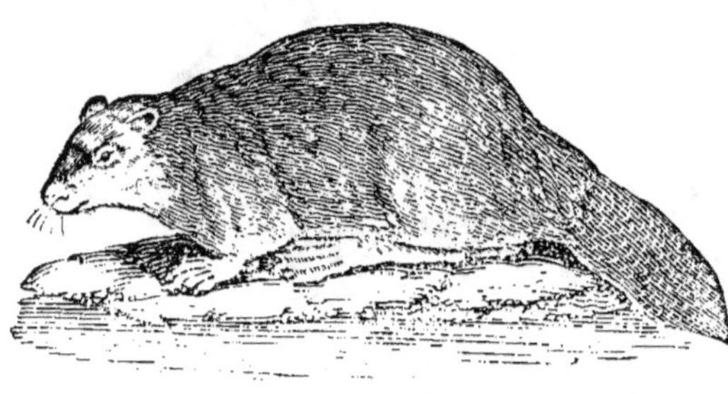

Le castor.

trois étages, ayant cave et grenier.

D'autres mammifères nous sont utiles indirectement, en détruisant nos ennemis. Tels sont la *chauve-souris*, le *hérisson*, la *musaraigne*, la *taupe*, dont nous avons déjà parlé, qui dévorent un nombre prodigieux d'insectes nuisibles.

La taupe.

La taupe surtout, sans cesse occupée à fouir la terre pour y chercher sa nourriture, mange uniquement des vers de terre, des vers blancs, des milliers de chenilles et d'insectes qui attaquent nos récoltes. Sans doute il arrive qu'elle coupe des racines et qu'elle bouleverse un peu le sol des prés; mais le dommage qu'elle cause ainsi n'est pas comparable au mal que ferait la vermine qu'elle détruit tous les jours. Il faut la protéger, et non pas la détruire.

Les oiseaux utiles. — Nous avons vu les services que nous rendent les oiseaux domestiques.

La perdrix et ses petits.

En dehors des basses-cours, les oiseaux alimentaires sont très nombreux; ils constituent un *gibier* qu'on ne peut se procurer que par la chasse. Je vous citerai la *perdrix*, la *caille*, qui, venant des pays chauds, arrive en France au mois d'avril et repart quand approche la mauvaise saison; je vous citerai aussi l'*alouette*, la *grive*, le *faisan*, la *bécasse*, le *canard sauvage*, le *vanneau*.

Mais là où les oiseaux nous sont surtout utiles, c'est dans la chasse incessante

La grive vit principalement d'insectes. C'est un oiseau utile.

qu'ils font aux insectes.

Écoutez en quels termes Michelet énumère les ser-

vices que nous rendent les oiseaux : « Plusieurs sont
les gardiens assidus de nos troupeaux : le *héron*,

L'engoulevent vole le soir et détruit les insectes nocturnes.

usant de son bec comme d'un ciseau, coupe le cuir du
bœuf pour en extraire un ver parasite qui suce le
sang et la vie de l'animal. Les *bergeronnettes*, les
étourneaux, rendent à peu près les mêmes services aux
bestiaux. Les *hiron-
delles* détruisent des
milliers d'insectes ai-
lés qui ne posent
guère, et que nous
voyons danser dans
les rayons du soleil :
cousins, libellules,
tipules, mouches....
Les *engoulevents*, les
martinets, chasseurs
du crépuscule, font
disparaître les hanne-

Le loriot est un grand destructeur d'insectes.

tons, les blattes, les phalènes, et une foule de ron-
geurs qui ne travaillent que de nuit. Le *pic* chasse
les insectes qui, cachés sous l'écorce des arbres, vivent aux dépens de la sève. Le *guêpier* livre une
rude guerre aux guêpes affamées de nos fruits. Le
chardonneret, ami des terres incultes et de la graine
de chardon, l'empêche d'envahir le sol. Les oiseaux de
nos jardins, *fauvettes*, *pinsons*, *bruants*, *mésanges*,
dépouillent nos arbrisseaux et nos grands arbres
de pucerons, chenilles, scarabées,.. dont les ravages
sont incalculables. Beaucoup de ces insectes restent

l'hiver à l'état d'œufs ou de larves, attendant la belle saison pour éclore; mais, en cet état, ils sont activement recherchés par les *merles*, les *roitelets* et les

troglodytes. Dans les prairies humides, on voit les *corbeaux* et les *cigognes* piocher la terre pour s'emparer du ver blanc, qui, trois années durant, avant de devenir hanneton, ronge la racine des arbres. »

Le coucou est le seul oiseau qui détruise les chenilles poilues des forêts.

Les oiseaux de proie *nocturnes* nous sont aussi fort utiles. Ils ont l'œil si délicat que la lumière du jour les éblouit; mais ils voient encore clair lorsque la nuit est ob-

Le vanneau mange des insectes et des vers.

La chouette détruit les rats et les insectes nocturnes.

scure. Ils volent silencieusement, sans faire le moindre bruit, ce qui leur permet de saisir leur proie par surprise. Ces oiseaux nocturnes, *hibou*, *chat-huant*, *effraie*, grands destructeurs de rats, de souris, de mulots, d'insectes, de grenouilles, ne nous font que du bien. C'est par suite d'un absurde préjugé que les habitants des campagnes, les considérant comme des oiseaux de mauvais augure, leur font une guerre stupide.

Les poissons utiles. — Vous savez quel parti on tire des poissons pour l'alimentation. Vous connaissez la plupart des poissons de nos rivières : *l'anguille*, la *carpe*, qui pèse quelquefois 35 kilogrammes et vit

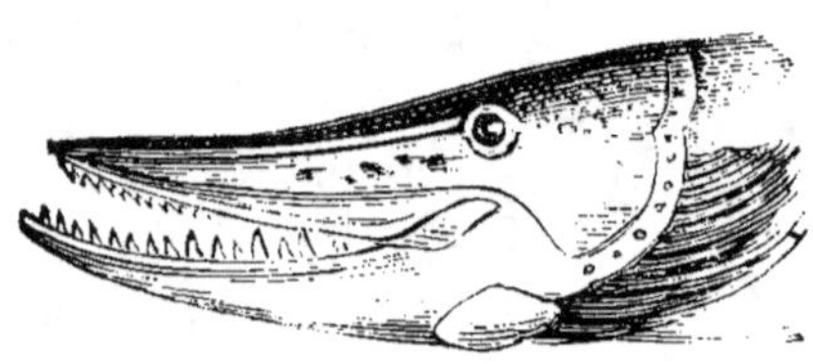
La bouche et les dents du brochet.

pendant plusieurs siècles ; le *brochet*, la *perche*, la *tanche*, le *goujon*, *l'ablette*....

Les poissons marins sont péchés en bien plus grande quantité. La pêche de la *morue*, très abondante dans les mers du nord de l'Europe et de l'Amérique, occupe chaque année plus de 6 000 navires. La morue se conserve surtout à l'état de salaison. Elle ne dépasse pas un mètre de longueur.

Le *hareng* se pêche principalement en été et en automne. Il parcourt la mer en bandes innombrables. On le conserve salé ou fumé.

La *sardine*, plus petite, est fort abondante sur les côtes de Bretagne.

Tous ces poissons se mangent frais dans le voisi-

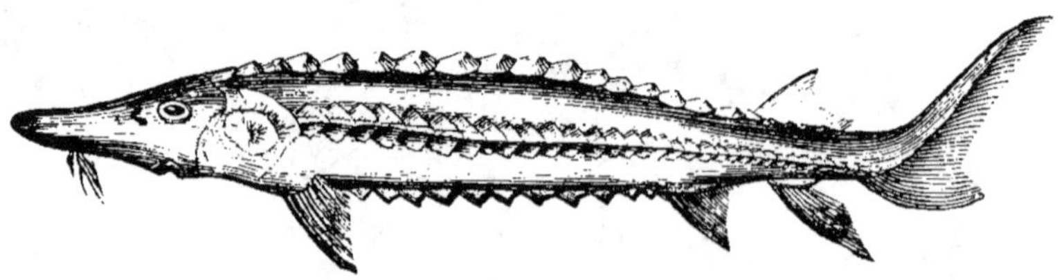
L'esturgeon se prend dans les grands fleuves, alors qu'il y vient de la mer.

nage des lieux de pêche ; mais on les consomme surtout à l'état de conserves.

Le *thon*, qui pèse jusqu'à 500 kilogrammes, le *maquereau*, dont les couleurs sont si vives, se pêchent aussi sur les côtes de la Méditerranée et de l'Océan.

L'*esturgeon* pèse quelquefois 800 kilogrammes. Il remonte les grands fleuves, dans lesquels on le capture. Sa chair est très estimée; avec ses œufs on prépare un aliment très usité en Russie sous le nom de *caviar*.

Les produits de la pêche maritime font vivre en France bien des milliers de familles de matelots.

Les insectes utiles. — A côté de milliers et de milliers d'espèces d'insectes nuisibles, nous en trouvons quelques-unes qui sont utiles.

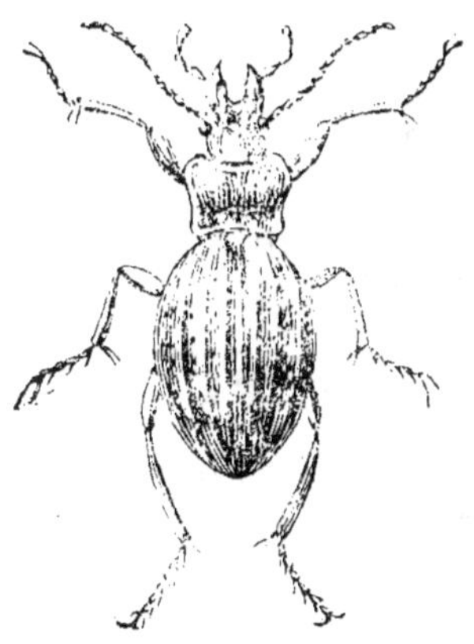

Le carabe doré.

Quelques insectes carnivores, comme le *carabe* et le *ver luisant*, se nourrissent exclusivement d'insectes nuisibles : ceux-là sont nos amis.

La *cochenille*, qu'on ne trouve pas en France, fournit à l'industrie une belle couleur rouge ; la *cantharide* est employée en médecine.

Mais les deux seuls insectes qui aient pour nous une utilité réellement considérable sont l'*abeille* et le *ver à soie*.

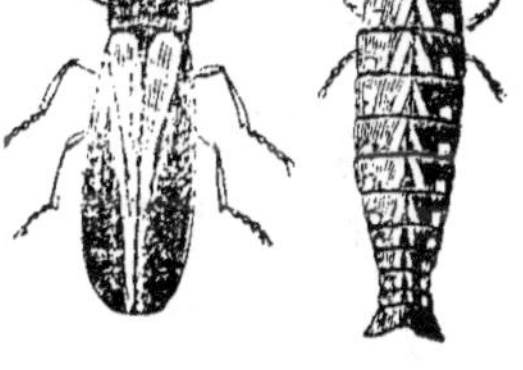

Le ver luisant mâle et femelle.

Les abeilles vivent en grandes bandes nommées *essaims*. Ce sont de vrais animaux domestiques, qui s'établissent volontiers dans les *ruches* en osier placées auprès de nos demeures.

Toutes les abeilles qui constituent une ruche ne sont pas semblables entre elles. Une seule est féconde, c'est-à-dire capable de pondre des œufs : c'est la reine. Elle est plus grosse que les autres. Jamais une ruche ne renferme deux reines.

Avec la reine se trouvent quelques centaines de mâles, un peu plus petits qu'elle.

Enfin la population est complétée par plus de vingt mille *ouvrières*, moins grosses que les mâles.

La reine et les ouvrières ont un aiguillon à venin, avec lequel elles piquent leurs ennemis ; les mâles n'en ont pas.

Les ouvrières font toute la besogne de la ruche. Elles butinent sur les fleurs, et reviennent chargées du *miel* qu'elles y ont récolté. Elles déposent ce miel dans les *rayons* faits avec la *cire* : il sert à nourrir les larves aussitôt après l'éclosion des œufs pondus par la reine. Elles l'amassent aussi en provision pour l'hiver, époque à laquelle il n'y a plus de fleurs pour en fournir.

Les *rayons de cire* sont construits par les ouvrières avec

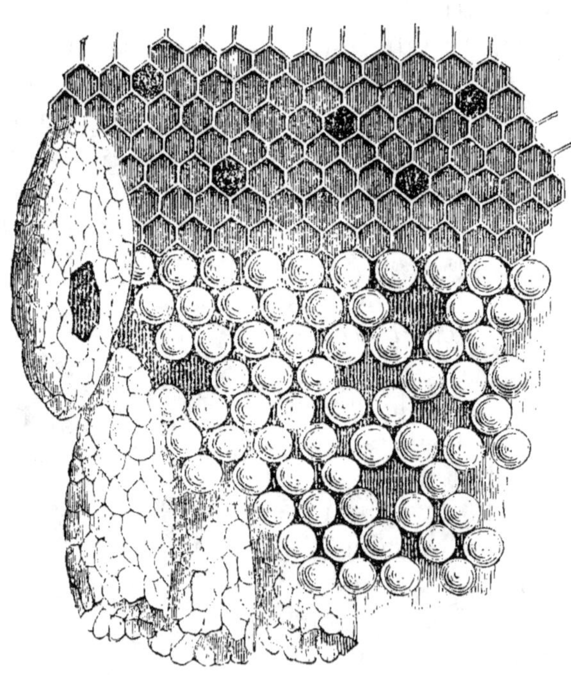
Rayons de miel.

une admirable régularité. La cire est fabriquée par les abeilles avec le miel des fleurs.

L'ordre le plus parfait règne toujours dans la ruche : chacun s'occupe de sa besogne. Les abeilles font preuve d'une rare intelligence dans les précautions qu'elles prennent pour défendre l'entrée de la ruche contre leurs ennemis, les rats et les gros insectes.

L'homme tire un grand profit du miel et de la cire, qu'il prend chaque année dans les ruches. Le miel est un bon aliment : les médecins le font entrer dans la composition de plusieurs remèdes. La cire sert à frotter les parquets et les meubles, à fabriquer les cierges : elle a encore plusieurs autres usages.

Quant au *ver à soie*, il ne se trouve pas en France à l'état de liberté : on l'élève dans l'intérieur des maisons en l'entourant de soins.

Les œufs du ver à soie, gros comme des grains de millet, éclosent au printemps. Des chenilles sortent de ces œufs. Toutes petites, elles sont nourries avec des feuilles de mûrier. Au bout d'un mois, elles sont devenues longues et grosses comme le petit doigt.

Le ver cesse alors de manger et commence à construire son *cocon* au moyen d'un long fil de soie qui sort de sa bouche. Après quelques jours de travail on ne le voit plus ; il est complètement entouré de soie.

C'est à ce moment qu'on *dévide* les cocons pour obtenir la précieuse substance qui servira à faire les belles étoffes que vous connaissez. La valeur de la soie récoltée chaque année dans le monde entier dépasse de beaucoup un *milliard* de francs.

On ne dévide pas tous les cocons ; on en laisse un certain nombre en repos, afin d'avoir des œufs pour l'année suivante. Lorsque la *chrysalide* s'est changée en *papillon*, celui-ci perce le cocon ; il en sort, et ne tarde pas à pondre : il meurt presque aussitôt que la ponte est terminée.

TROISIÈME PARTIE

LES VÉGÉTAUX

I. — LES VÉGÉTAUX ET LA VÉGÉTATION.

Les diverses parties d'un végétal. — Il y a dans les plantes d'aussi grandes différences de formes que dans les animaux.

Le *chêne*, le *blé*, le *champignon*, la *mousse*, ne se ressemblent pas plus que ne se ressemblent la *baleine*, le *bœuf*, la *puce* et l'*huître*. Je vous parlerai seulement ici des plantes les plus parfaites, c'est-à-dire de celles qui ont des feuilles et qui portent des fruits.

Considérez ce pied de *fève*, que je viens d'arracher dans le jardin.

Vous y distinguez facilement quatre parties : des *racines*, qui étaient cachées sous terre ; une *tige*, à laquelle sont fixées les *feuilles* et les *fleurs*. Si, dans quelques jours, nous arrachons un nouveau pied de fève, nous n'y verrons plus de fleurs, mais des *fruits*, c'est-à-dire des fèves enfermées dans une gousse.

Les *racines*, la *tige*, les *feuilles*, les *fleurs* et les *fruits* sont donc les parties essentielles d'un végétal. Voyons à quoi servent ces *organes* dans la vie, le développement et la reproduction de la plante.

Pied de fève en fleurs.

Les *racines* soutiennent la plante et la fixent au sol. Elles puisent dans la terre les substances qui nourrissent le végétal, qui le font vivre et croître.

La forme des racines varie d'une plante à l'autre. Voici, par exemple, une *carotte :* sa racine est grosse, longue, et ne laisse échapper sur les côtés qu'un petit nombre de filets très fins. Au contraire, la racine du *poirier,* comme celle de la plupart des arbres, renferme un grand nombre de rameaux, qui s'étendent dans toutes les

La carotte.

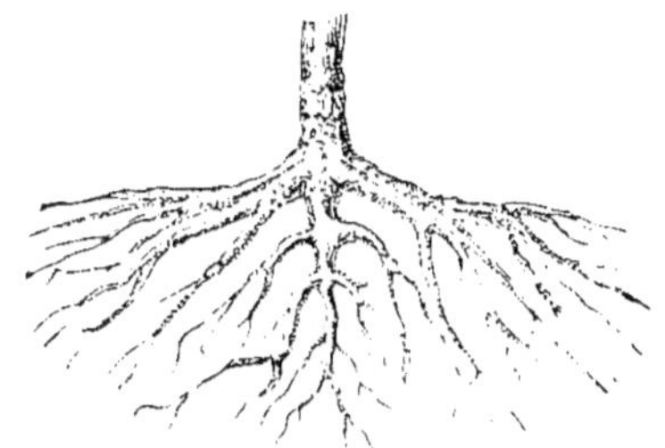

Racine rameuse du poirier.

directions. Regardez encore cette racine de *fraisier :* elle est composée uniquement de petits filaments très minces et très nombreux.

Le plus souvent, la *tige* s'élève droite vers le ciel ; d'autres fois, elle rampe à la surface du sol. La nourriture, puisée dans la terre par les racines, circule dans la tige constituant la *sève,* que vous pouvez voir couler des rameaux de la

Le fraisier et sa racine.

vigne quand on vient de la tailler. Cette sève se rend dans les différentes parties des végétaux et les nourrit, comme le sang nourrit les animaux.

La tige des grands arbres s'élève parfois à plus de

cinquante mètres de hauteur. D'autres plantes, au contraire, n'ont pas de tige, et les feuilles partent directement de la racine : c'est ce qui a lieu dans la carotte.

Les ramifications de la tige constituent les branches, sur lesquelles poussent les *feuilles*.

<table>
<tr><td>Tige droite du dattier, arbre des pays chauds analogue au palmier.</td><td>Tige souterraine du chiendent, mauvaise herbe nuisible à l'agriculture.</td></tr>
</table>

Les feuilles sont aussi indispensables à la vie de la plante que les racines mêmes. Les feuilles, entourées d'air, empruntent à l'air une partie de la nourriture

Tige tournante du liseron.

du végétal : tout le charbon qui se trouve dans le bois a été emprunté à l'air par les feuilles.

Tandis que les animaux se nourrissent exclusivement au moyen des aliments qui pénètrent dans l'estomac, les plantes, au contraire, puisent leur nourriture dans le sol par les racines, et dans l'air par les feuilles.

Je n'insiste pas sur les différences de forme et de grandeur que présentent les feuilles des végétaux : vous n'avez qu'à regarder autour de vous pour observer ces différences.

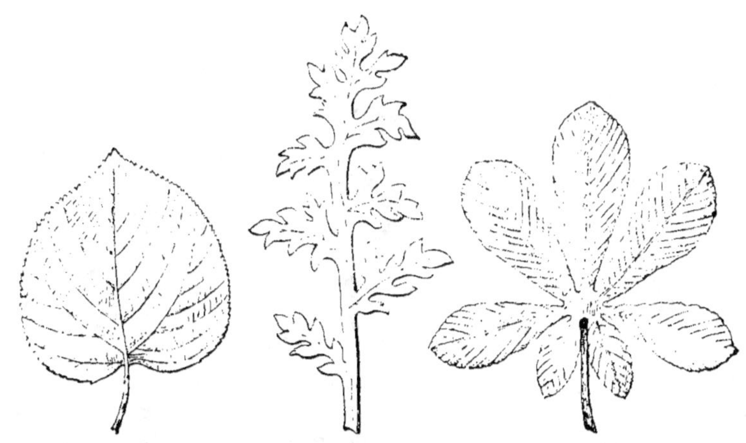

Feuille simple et dentelée du tilleul.   Feuille découpée du coquelicot.   Feuille composée du marronier d'Inde.

Les fleurs sont aussi portées par la tige. La fleur est très complexe : quand elle est complète, elle se compose de quatre séries d'organes : 1° le *calice*; 2° la *corolle*; 3° les *étamines*; 4° le *pistil*.

Regardez, par exemple, cet *œillet*, cette *giroflée*, cette *renoncule*, cette *rose sauvage*. Voici le *calice*;

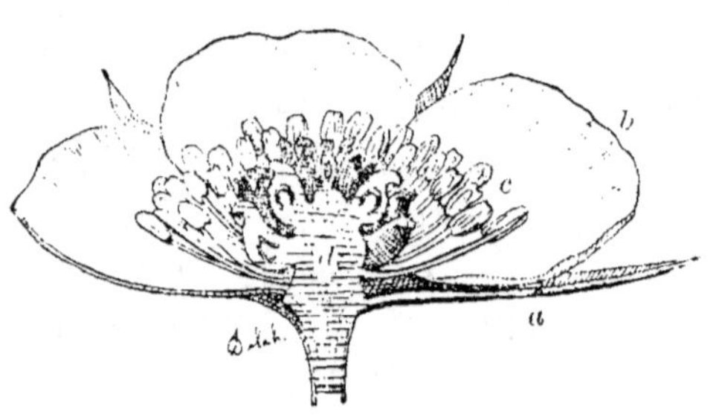

Fleur de renoncule coupée transversalement, de manière à montrer le calice *a*, la corolle *b*, les étamines *c*, les pistils *d*.

formé par une série de parties vertes semblables à des feuilles; en dedans du calice est la *corolle*, dont les parties sont vivement colorées; plus près du centre encore sont les étamines, terminées chacune par une petite masse jaune; les *pistils* enfin occupent tout à fait le centre.

Le *calice*, composé de parties nommées *sépales*, et la *corolle*, composée de parties nommées *pétales*, sont simplement des organes protecteurs. Leur forme, et leur disposition varient d'une fleur à l'autre. Les

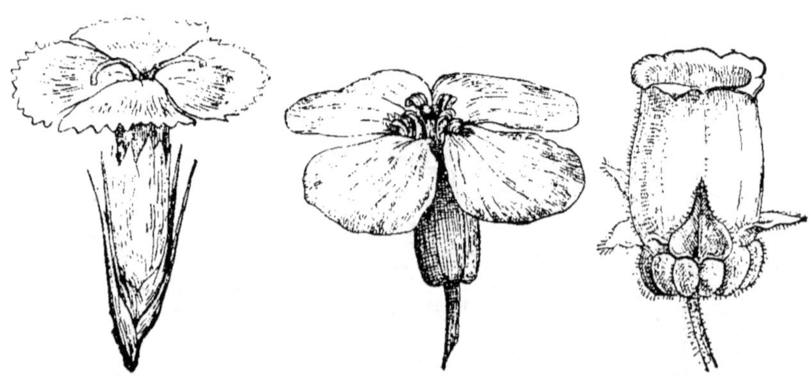

Fleur d'œillet.　　　　Fleur de giroflée.　　　Fleur de campanule.

étamines et les *pistils*, au contraire, sont les parties essentielles, les *organes reproducteurs*.

Après que les fleurs se sont épanouies, elles se flé-
trissent : le calice et la corolle tombent, ainsi que les

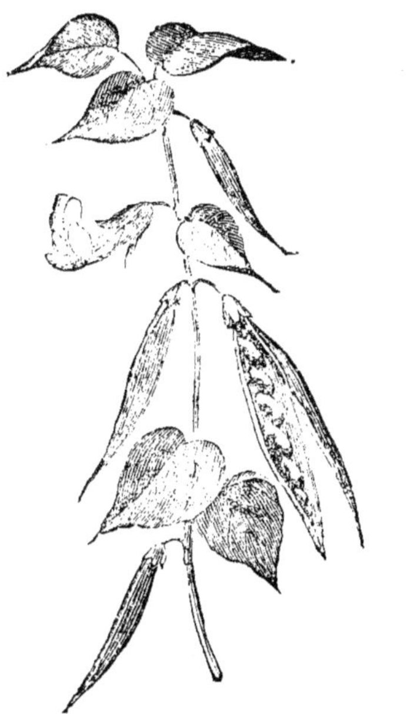

Le haricot (fleur et fruit).

Fruit du marronnier s'ouvrant pour laisser
sortir la graine, c'est-à-dire le marron.

étamines. Les pistils seuls restent ; ce sont ces organes
qui, étant développés, forment le *fruit*, lequel tombe,
à son tour, lorsqu'il est
arrivé à maturité. Le
fruit renferme la graine,
qui, quand elle sera se-
mée, produira un végétal
nouveau.

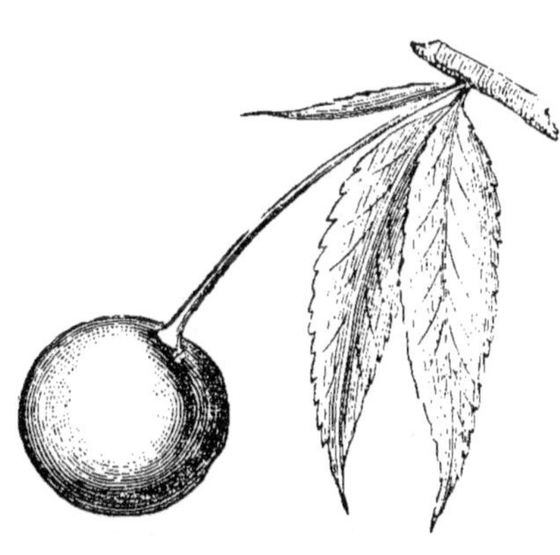

La cerise.

La fleur et le fruit ne
sont donc pas indispen-
sables à la vie de la
plante ; mais ils sont nécessaires à sa reproduc-
tion.

La *cerise*, la *pêche*, la
prune, sont des fruits dont la graine est un *noyau*.

La *poire*, la *citrouille*, sont aussi des fruits ; mais ici la graine est plus petite et moins dure. Vous connaissez l'*épi de blé* et la graine qu'il renferme, la *gousse de haricot* et sa graine ; vous connaissez aussi le fruit et la graine du *pavot*, et beaucoup d'autres.

La végétation. — Pour obtenir une plante, il faut en *semer* la graine. Voyons donc de quoi se compose la graine, et comment elle peut donner naissance à un végétal.

Prenez chacun un haricot, enlevez-en délicatement la peau, et séparez l'une de l'autre les deux parties dont il est formé. Ne voyez-vous pas, sur l'une de ces parties, une véritable petite plante, possédant des feuilles *m*, une petite tige *n*, et une petite racine *p* ? C'est là l'origine du végétal auquel le haricot va donner naissance.

Haricot ouvert.

Semons, en effet, quelques haricots dans un pot renfermant de la terre humide : nous en retirerons un chaque jour, et nous constaterons facilement l'accroissement du petit germe. Bientôt ce germe sera devenu un plant de haricot, qui n'aura plus qu'à grandir.

Le développement du germe dans la terre se nomme *germination*. Quand la tige et les feuilles commencent à sortir de terre, on dit que la graine *lève* : la germination est alors terminée.

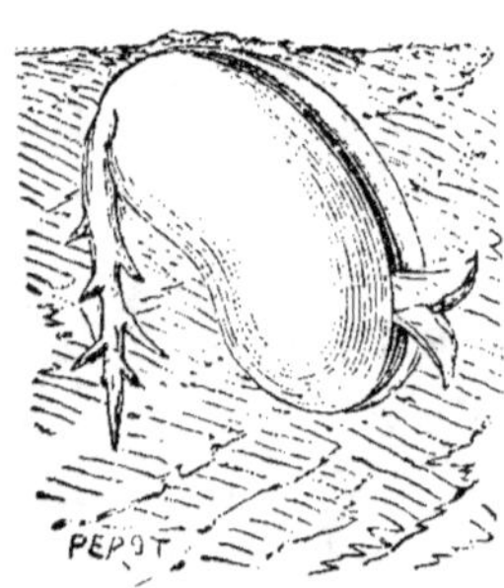

Germination du haricot.

Voyons maintenant comment se nourrit la plante pendant la germination. Lorsque l'on met la graine en terre, la petite racine *p* et les petites feuilles *m* ne sont pas encore en état de puiser dans le sol et dans l'air la nourriture nécessaire à la vie et à l'accroissement de la jeune plante. Aussi, pendant toute la durée de la germination, la nourriture est-elle fournie par la substance même de la graine. Dans quelques jours, lorsque la germination sera terminée, vous remarquerez combien les deux moitiés du haricot auront diminué d'épaisseur et de poids. Tout ce qui leur manquera alors aura été employé à former les racines, la tige et les feuilles. A partir de ce moment, ces organes se mettent à fonctionner par eux-mêmes, à emprunter au sol et à l'air la nourriture nécessaire à la plante.

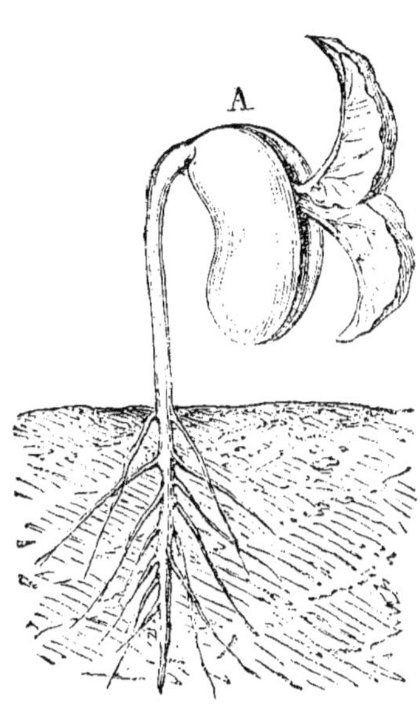

Développement du haricot.

Pour qu'une graine puisse germer, il faut qu'elle soit bien mûre, et qu'elle ne soit pas trop vieille. Quand elle remplit ces conditions, elle lève si on la place dans un sol assez humide, et s'il fait assez chaud. Dans les terrains trop secs. et par les froids de l'hiver, les graines ne germent pas.

Mais, puisque, pendant la germination, la nourriture est fournie par la graine même, il n'est pas nécessaire que le sol dans lequel on sème soit fertile. Voici un pot plein de petits cailloux : j'y enfonce des haricots. Dans quelques jours ils auront parfaitement levé, si j'ai soin de les arroser légèrement tous les jours.

La germination terminée, nos jeunes plantes ne tarderont pas à mourir : car le sol formé par des cailloux ne peut rien fournir aux racines. S'il n'est pas nécessaire que le sol soit fertile pour que la germination se produise. il faut qu'il le soit pour que la plante grandisse.

9.

La germination terminée, la *végétation* commence. Pour que le végétal puisse se développer, il faut que les racines trouvent à puiser la sève dans la terre : le sol doit donc être *fertile* et *humide*. Il faut, de plus, qu'il fasse *assez chaud* pour que les feuilles empruntent à l'air le supplément de la nourriture. En hiver la végétation s'arrête faute de chaleur ; en été elle s'arrête souvent faute d'humidité.

La végétation des plantes a une durée très variable. Beaucoup vivent moins d'une année (*blé, chanvre, lin, pâquerette, coquelicot*); d'autres vivent deux ans (*persil, carotte, chardon*). Il en est un plus grand nombre dont la durée est de plusieurs années, ou même de plusieurs siècles, comme cela arrive pour les grands arbres.

L'agriculture. — Un grand nombre de plantes nous fournissent des aliments dont nous ne saurions nous passer. D'autres servent à nourrir nos animaux domestiques ; à d'autres nous empruntons nos bois de construction et de chauffage ; à d'autres enfin les matières précieuses d'un grand nombre d'industries.

Si nous nous contentions de laisser pousser à l'aventure, comme ils le pourraient, tant de végétaux si précieux, beaucoup finiraient par nous manquer absolument ; les autres, gênés dans leur croissance et dans leur reproduction par un grand nombre de plantes moins précieuses pour nous, seraient toujours en quantité insuffisante.

Maintenant surtout que la terre est forcée de nourrir une population très nombreuse, il est donc indispensable de *cultiver* les plantes utiles, c'est-à-dire de forcer le sol à les produire en aussi grande abondance que le comportent nos besoins.

L'agriculture est l'art de cultiver les plantes utiles. Les peuples les plus civilisés, les plus riches, les plus heureux, sont précisément ceux dont le sol est le plus fertile, et chez lesquels l'agriculture est le plus en honneur.

Et d'abord les plantes ne peuvent s'accroître et prospérer que si leurs racines s'enfoncent dans la *terre végétale*, mélange de *pierre calcaire en poussière*, d'*argile*, de *sable*, et de *débris végétaux de toutes sortes*.

Une terre végétale, pour être parfaite, doit contenir en abondance toutes les substances qui sont nécessaires à la vie de la plante. Elle doit être, de plus, perméable à l'air, à l'eau et à la chaleur : dans un

La charrue.

terrain battu, à travers lequel ne peuvent circuler ni l'air, ni l'eau, ni la chaleur, les racines ne tardent pas à périr.

Toutes les terres végétales ne sont pas parfaites, il s'en faut de beaucoup. Les unes, renfermant trop d'argile, sont trop *grasses*, trop *fortes* ; d'autres, trop riches en sable, sont *légères*, sans consistance ; elles se dessèchent trop rapidement en été ; d'autres enfin sont trop humides, *marécageuses*.

L'agriculteur intelligent sait améliorer les terres de mauvaise qualité ; il sait aussi ne demander à chacune que les récoltes qu'elle est apte à produire.

Chaque fois qu'une terre doit être ensemencée, on la *laboure* à plusieurs reprises à l'aide de la *charrue*. Sans cette précaution, la terre, durcie par les pluies, tassée par l'effet de son poids, serait trop compacte ; les graines demeureraient à sa surface ; les racines ne pourraient pas s'y enfoncer librement ; l'eau glisserait rapidement sur ce sol battu, sans y pénétrer. En un mot, une terre non labourée serait improductive.

Le labourage débarrasse le sol des mauvaises herbes ; il rend la terre plus légère ; il permet à l'air et à l'eau d'y pénétrer librement, aux racines de s'y enfoncer ; il la mélange avec les *engrais* et les *amendements*, qui ont été répandus à sa surface ; il ramène à la partie supérieure les couches profondes, qui ont grand besoin d'être aérées. Le labourage est la plus indispensable de toutes les opérations de la culture.

Mais cela ne suffit pas. Chaque récolte enlève à la terre une partie des substances nutritives qu'elle renferme, et la rend par conséquent moins propre à entretenir la vie des plantes.

Pour conserver au sol sa fertilité, il faut donc lui restituer tout ce que les récoltes successives lui enlèvent.

Les *engrais* sont les matières que l'on ajoute au sol pour en maintenir la fertilité, c'est-à-dire pour compenser les pertes que lui font subir les récoltes.

La terre la plus fertile deviendrait improductive si on restait plusieurs années sans lui donner d'engrais.

Le plus important de tous les engrais, c'est le *fumier de ferme*.

Ce n'est pas tout que de maintenir la fertilité des bonnes terres ; l'agriculteur doit encore chercher à améliorer les mauvaises.

Pour cela, il dessèche par le *drainage* les terres trop humides ; il arrose par l'*irrigation* les terres trop sèches. Aux terres trop légères il ajoute de l'*argile*, qui leur donne plus de consistance ; aux terres trop sablonneuses il ajoute de la *chaux* ; aux terres trop grasses il ajoute du *sable*. On appelle *amendements* les substances qu'on mêle avec les terres imparfaites pour en diminuer les défauts.

II. — LES USAGES DES VÉGÉTAUX.

Les plantes alimentaires.—Un grand nombre d'espèces d'animaux se nourrissent exclusivement avec les graines, les fruits, les feuilles et même le tronc et les racines des végétaux : ce sont les animaux *herbivores*. Il n'est presque pas de plantes qui ne soient mangées par quelques mammifères, par quelques oiseaux et surtout par quelques insectes.

Les animaux *carnivores*, tels que le lion, la taupe, la buse, le carabe doré, font leur proie d'animaux herbivores plus faibles qu'eux.

Herbes de nos prairies.

Flouve.   Amourette tremblante.   Ray-grass.

On peut donc dire que les végétaux, puisant dans le sol et dans l'air les substances nécessaires à leur

Herbes de nos prairies.

Vulpin.   Paturin.   Fétuque.

La châtaigne.

accroissement, préparent la
nourriture des animaux : sans
les plantes, tous les animaux
ne tarderaient pas à périr, les
carnivores aussi bien que les
herbivores.

L'agriculteur s'occupe principalement de la culture des
plantes qui servent à la nour-

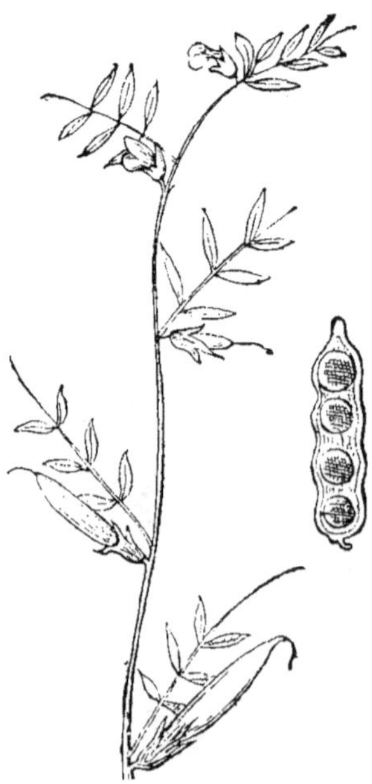

La lentille, fleurs et fruit.

riture de l'homme, et de celles qui servent à la nourriture des animaux domestiques.

Tous les organes des végétaux sont mis à contribution pour notre alimentation.

On mange la *graine* dans le *blé*, le *riz*, le *noyer*, le *noisetier*, l'*amandier*, le *châtaignier*, le *haricot*, la *fève*, la *lentille*, le *pois* et un grand nombre d'autres espèces végétales.

Dans le *cerisier*, le *prunier*, le *pommier*, le *poirier*, le *melon*, la *citrouille*, ce que l'on consomme, c'est la portion du fruit qui entoure la graine.

Nous avalons le fruit tout entier du *raisin*, du *groseillier*, du *framboisier*.

1. Un bouquet de fleurs de poirier. — 2. A côté une poire coupée montrant les graines.

La fleur même n'est pas toujours épargnée ; l'*artichaut* comestible n'est pas autre chose qu'une fleur non encore épanouie.

Nous mangeons aussi fort souvent les *feuilles* : c'est ce qui arrive pour le *chou*, le *pissenlit*, l'*épinard*, le *cresson*, et en général pour toutes les *salades*.

La tige, généralement trop dure pour servir d'aliment, est parfaitement comestible dans la *pomme de terre*, le *poireau*, l'*oignon*. On vous dira plus tard, en effet, que le *tubercule* de la pomme de terre et le *bulbe* de l'oignon, quoique cachés sous terre, sont des portions grossies de la tige.

Enfin, les racines nous offrent aussi des ressources très abondantes : on cultive en grand, pour leurs racines, la *carotte*, le *navet*, le *salsifis*.

Certains végétaux inférieurs, comme le *champignon* et la *truffe*, sont consommés presque tout entiers.

Vous comprendrez toute l'importance de quelques espèces de végétaux quand vous saurez que le *cocotier* des régions tropicales fournit à lui seul une nourriture variée et un grand nombre de

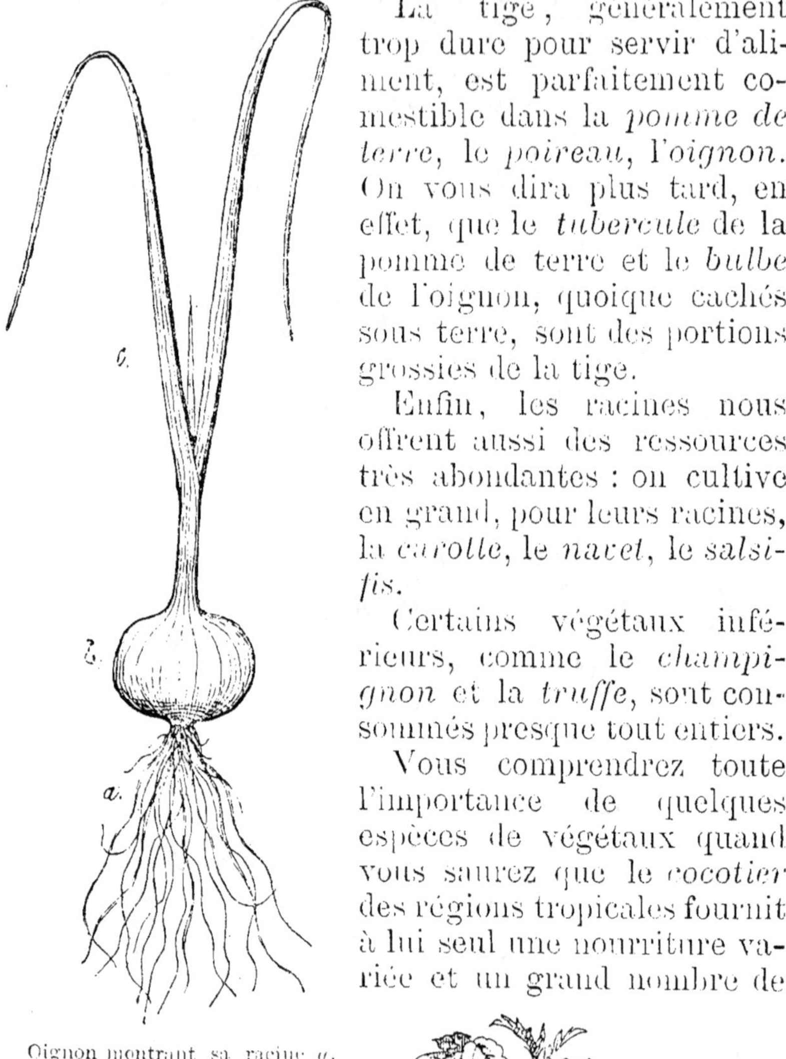

Oignon montrant sa racine *a*, sa tige souterraine ou bulbe *b*, et ses feuilles *c*.

Pomme de terre.

matières utiles. Son fruit, nommé *noix de coco*, et sa sève peuvent servir à préparer du sucre, une espèce de lait, une crème solide, une boisson fermentée, du vinaigre, de l'huile. Les jeunes bourgeons constituent une sorte de chou trèsestimé.Avec les feuilles on couvre les habitations, on fait des nattes, des

Champignons.

Truffe.

corbeilles, des éventails, des parasols, des plumes pour écrire, des brosses, des balais, des tissus, des cordages. La tige constitue un excellent bois de construction.

Nos animaux domestiques, tous herbivores, ont une nourriture presque aussi variée que la nôtre.

Les *volailles* mangent les graines de l'*orge*, du *maïs*, de l'*avoine*.... Les *chevaux*, les *ânes*, se nourrissent aussi de *graines* ; on y ajoute les tiges de l'*avoine* et du *blé*, qui, séchées, portent le nom de *paille*, et les *fourrages* secs ou verts, *foin*, *sainfoin*, *trèfle*, *luzerne* ; ils ne dédaignent

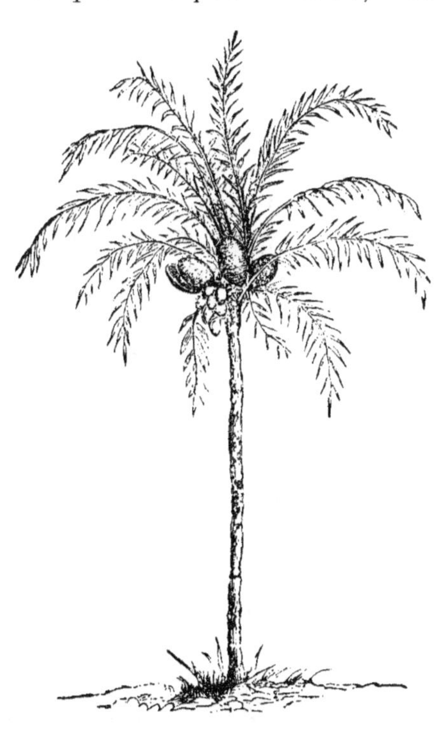

Le cocotier.

pas non plus la racine de la *carotte*. A défaut d'une nourriture plus délicate, l'âne se contente du *chardon*.

Aux *ruminants* on donne aussi les *herbes* vertes ou sèches, la *tige* et les *feuilles* encore jeunes du *maïs*, les *racines* de la *rave*, de la *betterave*.

Avec les *pommes de terre* et les *fruits du chêne*, que vous connaissez sous le nom de *glands*, on nourrit les *pourceaux*.

Les plantes industrielles. — L'industrie emprunte aux plantes un grand nombre de matières premières qu'elle transforme en produits manufacturés.

Pied de houblon.

Bois de chauffage, de construction et d'ébénisterie, matières propres à l'éclairage ou entrant dans la composition du savon, du papier, de la poudre, substances servant à la conservation de la peau et de la viande, matières textiles et colorantes, tout cela nous est fourni par les végétaux.

A cette énumération incomplète il faut encore ajouter la liste très longue des plantes desquelles on extrait la plupart des boissons et plusieurs aliments précieux.

Il faut vous donner quelques exemples de ces usages si variés ; nous reviendrons bientôt avec plus de détails sur quelques-uns des plus importants.

Avec le *raisin*, l'agriculteur fabrique le *vin* et le *vinaigre* ; avec la *pomme*, il fabrique le *cidre* ; la fleur du *houblon* et la graine d'*orge* entrent dans la préparation de la *bière*.

Un grand nombre de fruits servent à la fabrication

des boissons fermentées : le *kirsch* provient de la distillation des *merises*.

L'*alcool*, employé dans la fabrication des liqueurs, se retire de la *betterave*, de la *pomme de terre*, du *blé*, de l'*orge*... fermentés.

L'*olive*, la *noix*, les graines de *colza*, fortement comprimées, donnent des *huiles*.

Un grand nombre de bois servent au chauffage ou à la fabrication du charbon. Le *tremble*, le *bou-*

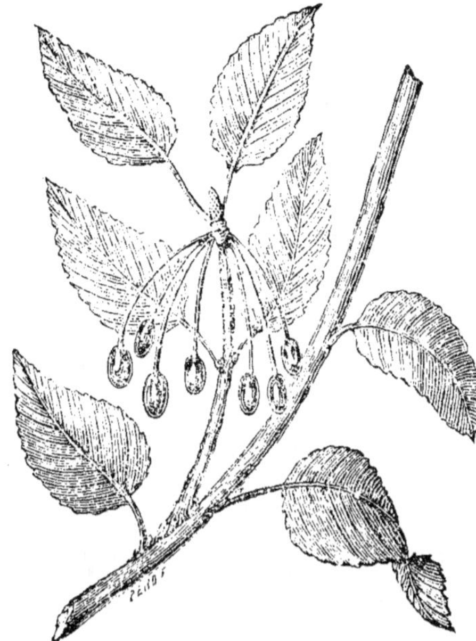

La betterave.

Branche de merisier.

La betterave.

Branche de noyer.

leau, le *fusain*, donnent le charbon léger qui entre

dans la composition de la *poudre* de guerre et de chasse.

Le colza.

L'écorce du *lin* et celle du *chanvre* constituent des matières textiles ; le duvet blanc qui entoure la graine du *cotonnier*, donne le *coton*.

L'*écorce de chêne* est employée dans la fabrication du *cuir*.

Avec les vieux chiffons de lin, de chanvre et de coton, on fabrique le papier. Le *peuplier*, le *bouleau*, la *paille*, le *foin*, les *roseaux*, l'*alfa*, qu'on peut réduire en fibres fines, donnent également du papier.

Branche d'olivier avec fruit.

La garance.

Les plantes fournissent aussi à l'industrie les parfums les plus délicats et les couleurs les plus éclatantes. La couleur rouge, qui servait, récemment encore, à teindre les pantalons de nos soldats, provient de la racine de la *garance*.

Et vous pensez bien que je n'ai pas tout dit. Cela suffit pour vous faire comprendre quel intérêt s'attache à l'étude de cette partie de l'histoire naturelle qu'on appelle la *botanique*.

Les plantes vénéneuses et les plantes médicinales. — Vous serez peut-être étonnés de m'entendre faire, dans une même leçon, l'énumération des *plantes vénéneuses*,

<table>
<tr><td>La rhubarbe.</td><td>La ciguë.</td></tr>
</table>

c'est-à-dire qui empoisonnent, et en même temps celle des *plantes médicinales*, c'est-à-dire qui sont employées en médecine pour guérir les maladies.

Cela est nécessaire pourtant : car presque toujours les plantes vénéneuses sont précisément celles que les médecins introduisent dans les médicaments. Prises en trop grande quantité, et dans de mauvaises conditions, elles font du mal, et même déterminent la mort; prises en petite quantité, et avec des précautions convenables, elles combattent les maladies.

La belladone.

Vous comprenez maintenant combien le médecin doit être savant et prudent, pour ne pas tuer le malade, alors qu'il veut le sauver.

Je me contenterai de vous citer quelques-unes des plantes les plus dangereuses et les plus répandues.

La *rhubarbe* est une plante purgative et vermifuge, qui rend de grands services à la médecine. Elle n'est pas vénéneuse; cependant il ne faudrait pas en prendre une trop grande quantité.

On la cultive peu en France; sa culture est surtout florissante en Angleterre et en Allemagne.

La digitale.   L'aconit.

L'*épurge* ou *catapuce* est aussi purgative; il en est de même de l'*ellébore*, dont l'odeur est si fétide.

Il est nécessaire que vous connaissiez la *ciguë*, qui pousse dans les haies, dans les ruelles, dans les lieux incultes et un peu frais.

La jusquiame.

Le tabac.

Elle ressemble beaucoup au *persil* et au *cerfeuil*, et cette fatale ressemblance a causé bien des fois de terribles malheurs. Apprenez donc à distinguer sûrement la ciguë du persil et du cerfeuil, parce que la ciguë est un poison violent, qui, pris à forte dose, peut déterminer promptement la mort.

La médecine utilise toutefois la ciguë dans le traitement de plusieurs maladies.

La *belladone*, l'*aconit*, la jolie *digitale*, sont des plantes que vous devez aussi apprendre à connaitre et à éviter : car elles sont extrêmement dangereuses.

La vilaine *jusquiame* est encore plus redoutable. Sachez qu'il suffit d'en respirer l'odeur pendant quelques instants pour ressentir une grande pesanteur de tête, et quelquefois même pour éprouver le vertige.

La plante qui nous donne le *tabac* est presque aussi vénéneuse. Elle est cultivée dans beaucoup de régions de la France; avec ses feuilles on fabrique le tabac à priser, le tabac à fumer et les cigares; mais elle contient un principe dangereux, la *nicotine*; l'abus du tabac compromet la santé.

Le *pied-de-veau* ou *gouet* est une plante singulière qui séduit les enfants par sa bizarrerie. Vous devez vous garder d'y toucher : car c'est un poison très violent. On s'en sert en médecine, comme aussi de la digitale, de la belladone et de l'aconit.

Mais, de toutes les plantes, celles qui causent le plus

Le pied-de-veau.

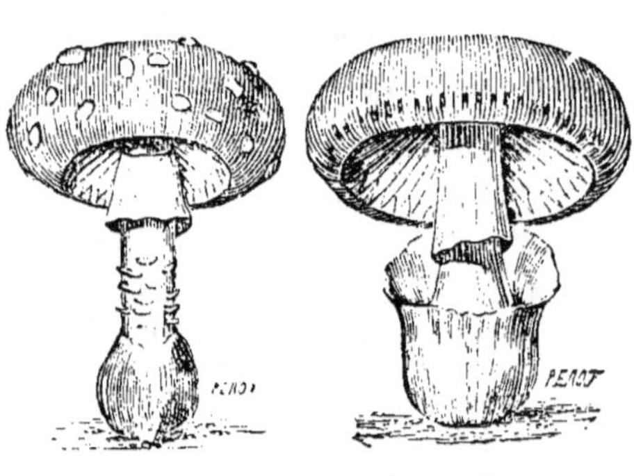

Oronge fausse.　　　Oronge vraie.

d'accidents, ce sont les *champignons*. La ressemblance qui existe entre les champignons comestibles, c'est-à-dire qu'on peut manger sans danger, et les nombreuses espèces de champignons vénéneux, cause chaque année un grand nombre de malheurs. Combien de fois la *fausse*

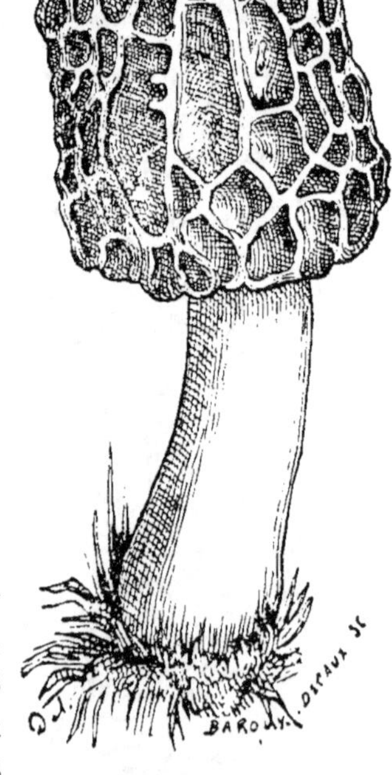

La morille comestible.

oronge, si vénéneuse, n'est-elle pas confondue avec l'*oronge vraie* !

Enfants, cueillez seulement les champignons que vous êtes parfaitement certains de bien connaître.

Les plantes d'agrément. — Quoi de plus beau qu'un parc planté de grands arbres, qu'un jardin dans lequel s'épanouissent les fleurs aux vives couleurs et au suave parfum, qu'un appartement orné de végétaux au vert feuillage ! Aussi mille plantes sont-elles cultivées bien plus en vue de leur beauté qu'en raison d'une utilité directe. Du reste, l'une des grandes supériorités de l'homme est précisément ce besoin de jouissances élevées, intellectuelles et morales, dont la satisfaction lui semble presque aussi nécessaire que celle de l'alimentation même. Et, à ce point de vue, les fleurs de nos jardins ont leur utilité, tout autant que les légumes de nos potagers.

L'*horticulture* est l'art de cultiver les jardins. La plupart de nos plantes d'agrément, non seulement sont soignées par l'horticulteur, mais elles sont pour ainsi dire son ouvrage ; il pourrait presque en revendiquer la création. Il ne se contente pas, en effet, d'introduire dans son jardin les plantes les plus belles de la nature ; il les modifie de plus, presque à son gré, par des soins intelligents. Prenant toujours ses graines sur les sujets les plus beaux, sur ceux qui présentent des particularités remarquables, il finit par embellir progressivement la fleur jusqu'à la rendre méconnaissable. D'autres fois, quand les semis ne lui permettent pas de reproduire les variétés précieuses, il fait intervenir la *bouture* ou la *greffe*. Et ainsi, par ces divers moyens, il est arrivé à faire du vulgaire *églantier*, aux fleurs simples et presque sans parfum, les innombrables variétés de la *rose* aux nombreux pétales, aux nuances si variées, à l'odeur si agréable ; ainsi il a créé les variétés cultivées de la *tulipe*, du *dahlia*, de la *pensée*, de la *jacinthe*, de

10.

l'*anémone*, de la *renoncule*, du *réséda*, de la *violette*, de la *giroflée*, du *narcisse* et de tant d'autres que vous connaissez déjà.

III. — EXAMEN DE QUELQUES PLANTES.

Les céréales. — La culture des *céréales* est la plus importante de toutes les cultures. En effet, dans tous

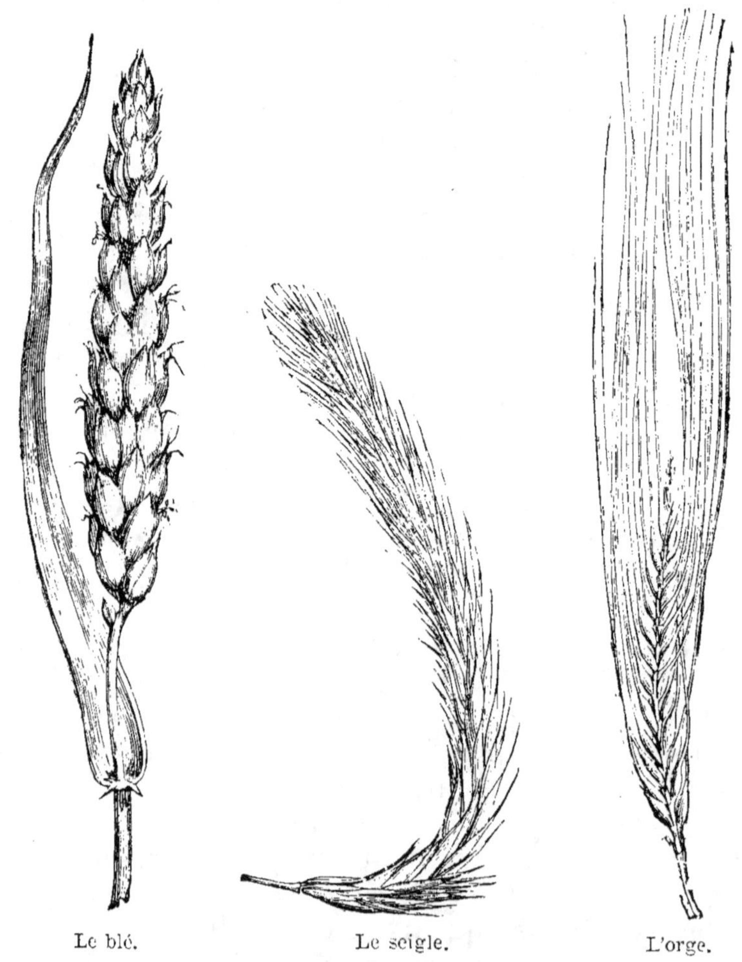

les pays, ces plantes forment les bases de l'alimentation de l'homme et d'une partie des animaux domestiques.

C'est seulement depuis qu'il sait cultiver les céréales, que l'homme a pu abandonner la vie nomade et se fixer dans le voisinage des champs, dont la récolte devait assurer sa subsistance.

Les céréales vous sont bien connues : ce sont le *blé*, le *seigle*, l'*orge*, l'*avoine*, le *maïs* et le *riz*. Toutes les graines de ces plantes sont comestibles; leur tige, nommée *paille*, sert à faire la litière des animaux domestiques, et entre également dans leur alimentation.

Aussi, dès les temps les plus reculés de l'histoire, voyons-nous les peuples se livrer à la culture des céréales, et cette culture occuper la grande majorité des individus de chaque nation. La civilisation n'a pu commencer à se développer qu'à partir du moment où les peuplades nomades ont été fixées au sol par la culture du blé.

Les graines de toutes les céréales sont à peu près formées des mêmes matières; cependant la graine du blé est la plus nourrissante de toutes, et c'est également celle avec laquelle on fait le plus facilement le pain. Aussi est-elle employée beaucoup plus que les autres à l'alimentation de l'homme.

L'avoine.

Le blé a encore sur les autres céréales des avantages précieux : il mûrit également pendant les étés les plus chauds ou les plus froids de nos régions; il peut être cultivé dans presque toutes les contrées du globe.

On cultive en France plusieurs variétés de blé : la meilleure est le *froment*. Les semailles se font à l'automne ou au printemps, dans un terrain bien labouré et bien fumé ; la moisson a lieu en juillet ou en août.

Les autres céréales ont une importance moins grande.

Le *seigle* est souvent employé à la fabrication d'un pain de qualité inférieure, mais encore très estimé. Il a l'avantage de prospérer dans les terres peu fertiles et mal cultivées.

L'*orge* ne sert guère à faire le pain,

Le maïs.

Le riz.

mais on la cultive pour nourrir les volailles, et surtout pour fabriquer la bière.

Les autres céréales ne peuvent être panifiées, parce qu'elles ne donneraient que des galettes non *levées*, lourdes et compactes, et, par conséquent, fort indigestes.

L'*avoine* est surtout cultivée pour la nourriture des chevaux et de la volaille. Dans quelques pays, les hommes la mangent sous forme de bouillie.

Le *maïs* est une céréale dont on fait une grande consommation dans plusieurs régions de l'Amérique. En France, il est employé comme fourrage vert; ses graines nourrissent la volaille; ses feuilles desséchées sont employées pour la garniture des lits.

Le *riz* enfin, dont les grains sont blancs et luisants, est cuit le plus souvent en grains. Dans l'Inde, il forme la base de la nourriture; mais on ne fait pas de pain de riz. Le riz n'est cultivé que dans les pays chauds : il est peu nourrissant.

Le lin et le chanvre. — Les *matières textiles* sont celles qui peuvent se réduire en fils souples et solides, pouvant servir à la fabrication des *tissus*.

Les matières textiles employées en France sont le le *lin*, le *chanvre*, le *coton*, la *laine* et la *soie*; mais elles ne proviennent pas toutes des plantes. Le lin et le chanvre sont fournis par des plantes qu'on cultive dans notre pays; une plante des pays chauds nous donne le coton; le mouton produit la laine; le ver à soie, dont je vous ai parlé dans une de nos précédentes leçons, file la soie pour en faire son cocon.

Le lin.

Le *lin* est une petite plante, haute à peine de cinquante centimètres, qu'on cultive beaucoup en Europe, et notamment dans un grand nombre de régions de la France; elle a peu de feuilles, mais beaucoup de fleurs d'un joli bleu.

L'écorce du lin est composée de *fibres* résistantes, qui suivent toute la longueur de la plante : c'est avec cette écorce qu'est constituée la matière textile appelée *lin*, qui sert surtout à la fabrication de la toile.

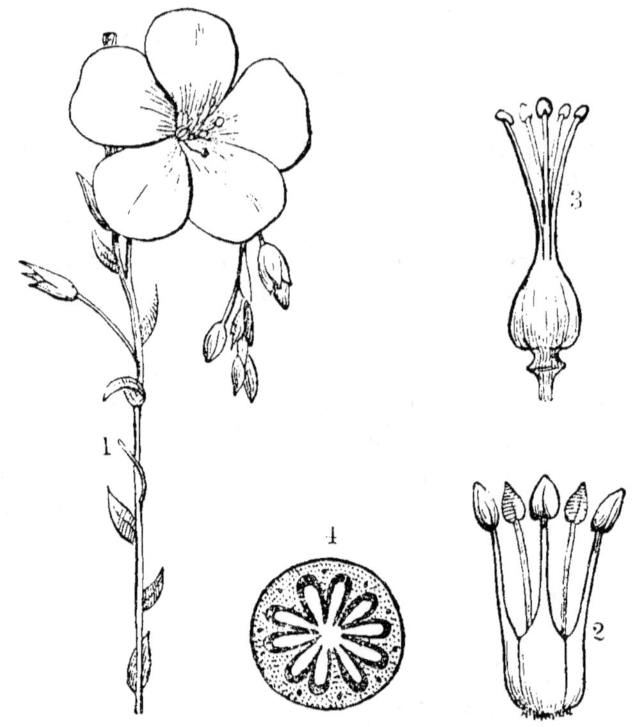

Fleur de lin (1), avec le détail grossi des étamines (2), des pistils (3) et du fruit (4) qui renferme les graines.

Les graines de lin sont aussi précieuses à récolter : car elles sont, comme vous savez, fort employées en médecine ; elles servent également à préparer l'huile de lin, utilisée dans la peinture à l'huile.

Le *chanvre* se cultive aussi beaucoup en France. Il atteint plus de deux mètres de hauteur. L'écorce du chanvre est analogue à celle du lin : elle peut aussi se réduire en fil résistant ; elle est employée à faire des toiles moins fines que les toiles de lin, et à fabriquer les ficelles et les cordes.

Le chanvre présente une particularité curieuse : certains plants portent de la graine, et d'autres n'en portent pas. Les pieds qui ne portent pas de graine sont appelés, bien à tort, *pieds femelles* : ils mûrissent les premiers. Ceux qui portent la graine, appelés mal à propos *pieds mâles*, ne mûrissent qu'un mois plus tard. De là la nécessité de faire la récolte du chanvre en deux fois.

Le chanvre (pied mâle et pied femelle).

La graine du chanvre, ou *chènevis*, est une bonne nourriture pour les volailles; on peut aussi l'employer à la fabrication d'une huile propre à l'éclairage et à la peinture.

Le coton. — Le *coton*, qui constitue la *ouate*, est une matière textile fournie par le *cotonnier*.

Le cotonnier ressemble beaucoup à la mauve; mais il est plus grand. C'est un arbuste de cinq à six mètres de hauteur, dont la culture est très florissante dans les régions chaudes de l'Amérique, de l'Asie et de l'Afrique. Cet arbuste ne donne, en effet, de bons produits que dans les pays chauds.

La fleur du cotonnier, analogue aussi à celle de la mauve, est grande et belle. Le fruit se compose d'une *coque* assez dure, dans laquelle se trouvent enfermées plusieurs graines de la grosseur d'un petit haricot. Chacune de ces graines est enveloppée dans un flocon d'un duvet long, très fin, d'une couleur blanche ou roussâtre.

Quand les graines sont mûres, les coques s'ouvrent d'elles-mêmes, et on voit apparaître le duvet blanc qui entoure les graines. On en fait aussitôt la cueillette à la main ; cette cueillette dure pendant plus d'un mois, car les graines mûrissent les

Le cotonnier.

unes après les autres.

Pendant six ou sept ans, on a une récolte chaque année. Au bout de ce temps, le sol est épuisé, il faut arracher les arbustes.

On place d'abord les graines sur le sol pour les

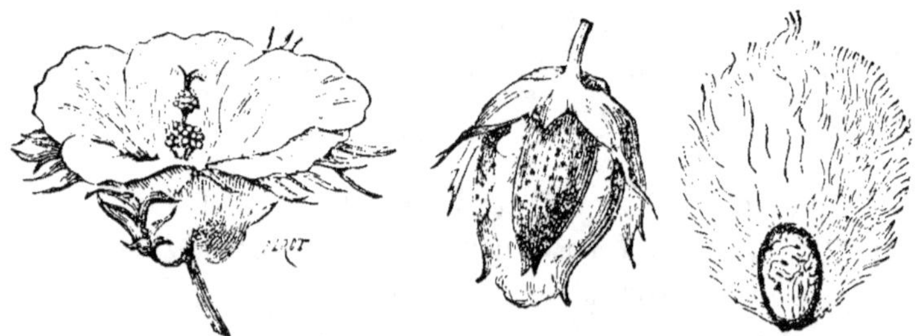

Fleur, fruit et graine du cotonnier.

faire sécher, puis on les livre à des machines spéciales, qui en retirent le coton sous forme de *ouate*.

C'est avec cette ouate qu'on fait ensuite le fil et les étoffes de coton.

L'industrie du coton a acquis depuis deux cents ans une extrême importance. C'est par milliards de francs qu'il faut compter la valeur des tissus de coton fabriqués chaque année dans le monde entier. Plus de cinq millions d'ouvriers, dans les diverses parties du globe, sont occupés à la récolte et à la filature du coton, ainsi qu'à sa transformation en tissus.

La vigne. — De même que le pain est le plus important des aliments, ainsi le *vin* est, après l'eau, la première des boissons.

La culture de la vigne date de la plus haute antiquité. De nos jours, la France est, de tous les pays du monde, celui qui produit le plus de vin, et les vins de France sont les meilleurs qui existent.

Le vin est une des richesses de notre pays. Malheu-

Pied de vigne et grappe de raisin.

reusement, un terrible insecte, le *phylloxera*, ronge depuis quinze ans nos vignobles, et les menace d'une destruction complète. Si la science ne parvient pas à arrêter les progrès chaque jour plus rapides de ce désastreux fléau, la France, d'ici à quelques années, aura perdu une de ses principales productions, dont la culture se développe déjà dans d'autres contrées d'Europe, et même en Amérique.

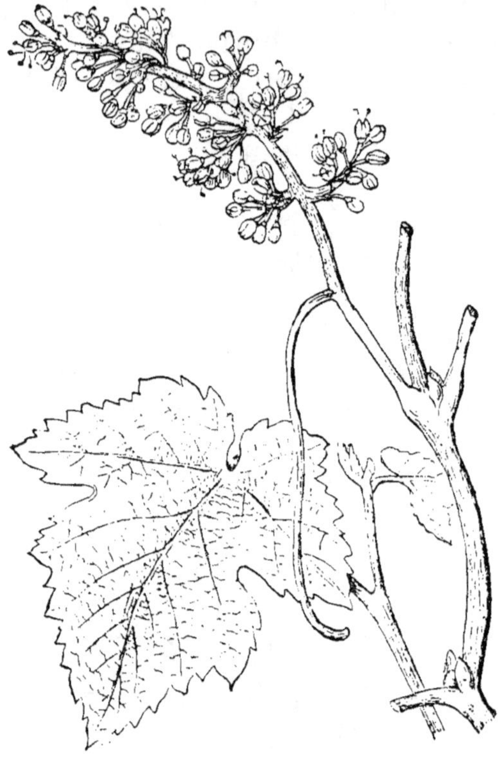

Branche de vigne portant une grappe en fleurs.

Les ceps de vigne sont plantés dans les terrains sablonneux et pierreux du midi, du centre et de l'est de la France. Au bout de quatre ou cinq ans, la vigne est en plein rapport. Elle fleurit au mois de juin, puis les raisins grossissent et arrivent à maturité en septembre ou en octobre. On procède alors à la *vendange*.

Lorsque la *vendange* est faite, on jette le raisin dans la *cuve*, et on l'écrase en le foulant aux pieds. Au bout de quelques jours il se met à *fermenter*, et le jus du raisin se change en *vin*, qu'on soutire dans des tonneaux, et que l'on conserve.

Fabrication du vin.

Le bois. — Voilà, devant vos yeux, une rondelle de bois de chêne : examinez-en la constitution.

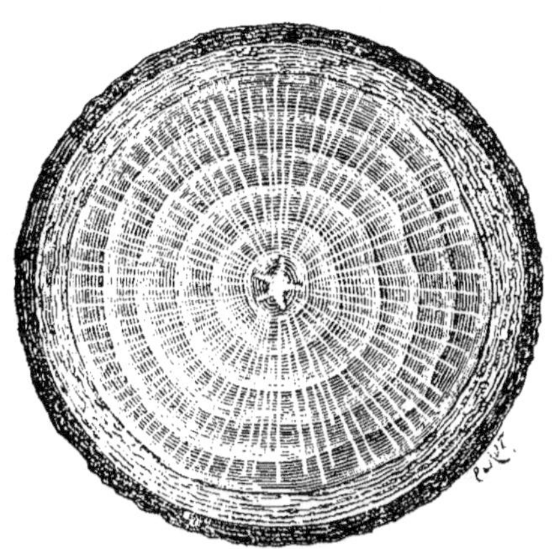

Rondelle de bois de chêne, montrant les couches annuelles et l'écorce.

Tout à fait au centre se trouve la *moelle*, substance très tendre : dans les morceaux de bois d'une certaine grosseur, la moelle est, pour ainsi dire, absente. Mais dans les jeunes branches, comme celle que je casse en ce moment, elle est beaucoup plus apparente.

Autour de la moelle est le *bois* proprement dit, plus ou moins coloré, plus ou moins dur, suivant l'espèce. La partie du bois la plus voisine de la moelle est la plus dure : c'est le *cœur*. La partie la moins dure, plus éloignée du centre, constitue l'*aubier*. Enfin, autour du bois se trouve l'*écorce*, sorte d'enveloppe protectrice beaucoup plus tendre.

Vous voyez que le bois est formé de couches successives, s'éloignant du centre. Chacune de ces couches correspond à la croissance d'une année : leur nombre indique l'âge du végétal.

Comptez combien il y a de couches dans la rondelle que je vous présente : il y en a quarante et une. Notre chêne avait donc quarante et un ans. Voilà une manière bien aisée de connaître l'âge des arbres.

Cependant il peut être long et difficile de compter le nombre des couches : certains arbres vivent pendant plusieurs centaines d'années; et même on a trouvé des oliviers et des chênes de deux mille ans, des cyprès de quatre mille ans.

Le *sequoia* de la Californie a parfois jusqu'à cent cinquante mètres de haut et quarante mètres de pourtour ; mais il n'atteint ces dimensions prodigieuses qu'à l'âge de deux mille ou trois mille ans.

Tous les arbres de nos forêts, de nos champs, de nos haies, peuvent servir de bois de chauffage. En réalité, on brûle dans les campagnes tous les arbres morts ou trop vieux, toutes les branches cassées ; on brûle aussi les débris de tous les bois employés dans la construction, le charronnage, l'ébénisterie...

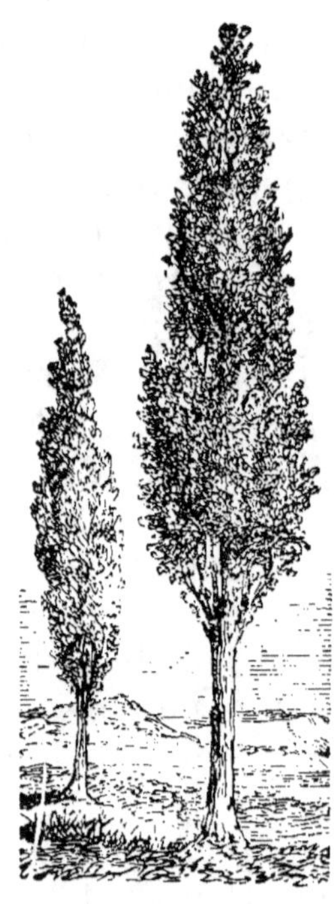

Le peuplier.

Mais il n'y a qu'un fort petit nombre d'arbres qui soient plantés tout spécialement pour servir au chauffage.

Tous les bois, lorsqu'ils sont également secs, produisent en brûlant la même quantité de chaleur. Les bois légers, *sapin, bouleau, tremble, peuplier*, qui brûlent rapidement, sont employés chaque fois qu'on veut obtenir une température très élevée. Les boulangers ont tout intérêt à chauffer leur four avec des bois légers.

Dans le chauffage des appartements, au contraire, il est plus avantageux de se servir de bois durs et lourds, *chêne, hêtre, orme, frêne*, qui brûlent plus lentement, en répandant autour d'eux pendant longtemps une douce chaleur.

Mais le bois sert encore à d'autres usages. On nomme *bois d'œuvre* les bois employés dans la construction des charpentes, des planchers, des portes et des fenêtres, ceux avec lesquels on fait les meubles, les voitures, et un grand nombre d'autres objets.

Les charpentiers, les menuisiers, les ébénistes, les

carrossiers, sont les principaux ouvriers qui travaillent le bois.

Au point de vue de leurs usages, on divise les bois d'œuvre en *bois blancs*, tendres, faciles à travailler, mais peu solides et généralement de peu de durée, et *bois durs*, d'une couleur généralement plus foncée,

Pin portant les incisions par lesquelles s'écoule la résine.

résistant mieux aux diverses causes de détérioration.

Je vous citerai seulement le nom des principaux bois de nos pays. Parmi les bois blancs, on remarque le *peuplier*, le *tilleul*, le *saule*, l'*aune*, le *pin*, le *sapin*. Les principaux bois durs sont : le *chêne*, le *châtaignier*, l'*orme*, le *hêtre*, le *frêne*, le *merisier*, le *poirier*, le *noyer*, le *buis*.

Chacun de ces bois a ses défauts et ses qualités, et est employé plus particulièrement pour tel ou tel usage.

De tous ces bois, le plus important est le chêne ;
c'est en même temps un excellent bois de chauffage
et un excellent bois d'œuvre. Le charpentier, le

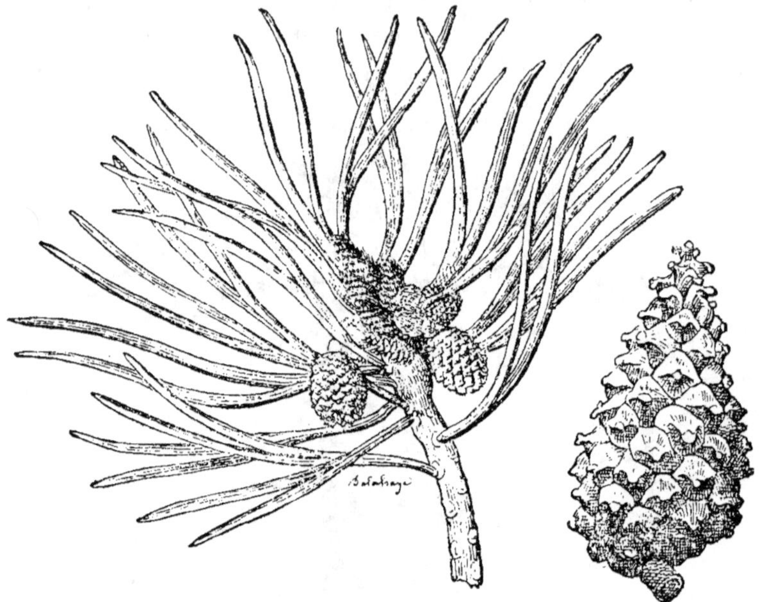

Une branche de pin montrant les feuilles.   Cône de pin.

constructeur de navires, le menuisier, l'ébéniste, le
tonnelier, le charron..., en tirent le plus grand parti :
il est très solide et se conserve longtemps sans altération.

FIN.

TABLE DES MATIÈRES.

Paris. — Imprimerie Delalain frères, rue de la Sorbonne, 1 et 3.